国家农业生态环境保护项目（0918211040222920274）、贵州省科技计划项目（黔科合重大专项字〔2016〕3022-06号、黔科合支撑〔2020〕1Y011号、黔科合人才CXTD〔2025〕053）资助

测树学实验实习指导书

主编　杨　瑞

西安交通大学出版社
XI'AN JIAOTONG UNIVERSITY PRESS

内容简介

新时期，随着全球环境变化和可持续发展目标的提出，林业被赋予了新的地位、使命和功能。实验与实习是“测树学”课程教学环节的重要组成部分。本书是基于李凤日主编的《测树学》(第4版)教材内容体系，并结合当前林业研究热点的碳储量及森林防火问题而编写，主要内容包括：相关的测树工具种类、构造及使用方法，林木个体的测定技术方法，林分的调查测定方法，生物量、碳储量的测定估算，森林防火中植物的燃点及热值测定。本书编写过程中注重理论与实践的结合，力求为读者提供全面、实用的技术和方法。

本书可作为普通高等农林院校“测树学”课程教学实验与实习的教材，也可供林业领域的研究生、专业技术人员，以及从事自然资源、生态环境、植物保护等相关农林管理工作的人员参考。

图书在版编目(CIP)数据

测树学实验实习指导书 / 杨瑞主编. — 西安 ：西安交通大学出版社，2025. 5. — ISBN 978-7-5693-4023-5

Ⅰ. S758-33

中国国家版本馆 CIP 数据核字第 202546T4S9 号

书　　名　测树学实验实习指导书
CESHUXUE SHIYAN SHIXI ZHIDAOSHU
主　　编　杨　瑞
责任编辑　王建洪　张可欣
责任校对　张　娟
封面设计　任加盟

出版发行　西安交通大学出版社
(西安市兴庆南路1号　邮政编码 710048)
网　　址　http://www.xjtupress.com
电　　话　(029)82668357　82667874(市场营销中心)
(029)82668315(总编办)
传　　真　(029)82668280
印　　刷　中煤地西安地图制印有限公司

开　　本　787mm×1092mm　1/16　**印张**　9.125　**字数**　199千字
版次印次　2025年5月第1版　2025年5月第1次印刷
书　　号　ISBN 978-7-5693-4023-5
定　　价　32.80元

发现印装质量问题，请与本社市场营销中心联系。
订购热线：(029)82665248　(029)82667874
投稿热线：(029)82665379　QQ:793619240
读者信箱：793619240@qq.com

前言

生态文明关乎人类社会的生存与发展，也与我们日常生活息息相关。它既是宏大的战略命题，也是微观的生活命题。它既在人类文明面临的现实困境中发生，又指向人类文明憧憬的灿烂愿景。建设生态文明是中华民族永续发展的千年大计；生态兴则文明兴，生态衰则文明衰；建设生态文明关系民生福祉；保护生态环境就是保护生产力，绿水青山就是金山银山。林业在生态文明建设中扮演着至关重要的角色，在维护生态系统平衡、保护生态环境、保护生物多样性、修复生态、提供生态服务功能等方面发挥着极其重要的作用。森林作为地球上最重要的生态系统之一，对国家生态安全、经济社会的可持续发展及全球气候变化具有深远的影响。

科技创新，方法先行。测树学是以森林作为研究对象，通过基本的树木和林分调查技术和方法，在分析树木形状、林分结构规律及林分特征因子之间关系的基础上，研究树木和林分的数量(材积或蓄积量、生物量、碳储量)、质量(材种出材量)及其生长量，以及林分生态和收获预估的理论、技术和方法，为发挥森林的多种效益、保持森林生态平衡、开展森林可持续经营、加强森林资源管理和合理利用等提供所需的测定方法。新时期，随着全球环境变化和可持续发展目标的提出，林业被赋予了新的地位、使命和功能。实验与实习是“测树学”课程教学环节的重要组成部分。为了将学生实践能力的培养与社会林业发展需求紧密结合，贵州大学林学院根据多年来开展的教学实验与实习，围绕李凤日主编的《测树学》(第4版)教材相关内容，参考了现有测树学实验实习教材，并查阅了关于森林生态系统中碳的测定方法，以及植物燃点和热值测定等相关资料，编写了《测树学实验实习指导书》。本书旨在帮助学生了解和掌握当代林业生产实践中“测树学”课程实验实习的内容和方法，进而保持教学内容的时效性和准确性。

本书共9章，以李凤日主编的《测树学》(第4版)教材为主线，围绕新时期森林测定工作的要求及相关仪器的使用与测算，紧密结合我国林业生产实际、技术与方法而编写。在教材编写过程中，黄宝仙、肖梅、杨秀威、刘莎茜、赵洋洋、高旭、宋凯、周会、粟永鑫、罗达莉等研究生参与了书稿材料的收集、插图绘制和文字校对工作；贵州大学臧丽鹏、粟海军、刘庆福等老师，以及编者的家人和亲朋好友对教材的出版给予了大力支持；西安交通大学出版社的编辑提供了专业、细致的审校工作，在此一并表示感谢。本教材可作为普通高等农林院校“测树学”课程教学实验与实习教材，也可作为林业领域研究生或林业专业技术人员的参考书，还可供从事自然资源、生态环境、植物保护等相关农林管理工作的人员参考。

鉴于编者水平有限，书中难免会有疏漏，敬请各位读者批评指正。

编　者
2025年2月

目录

第1章 测树学中的数字

任何被测物体，其大小、数量都有一个客观存在的真实值，称为真值；而用仪器设备观测的未知量或用数学方法推算（模拟）的未知量，称为观测值或预测值（模拟值）。通常情况下，观测值或预测值（模拟值）不会等于真值，因为在观测、计算及模拟的过程中不可避免会存在误差。观测或模拟的目的就是为了求得这个真实值，但由于物质的无限可分性以及其他主客观因素的影响，这个真值是不能确知的，只能通过一定的测量、推算或模拟等方法求得其近似值，近似值和真实值之差就称为误差，即误差＝测算值－真实值。

误差可以从不同的角度进行分类，分类可以帮助我们对不同误差的特点有更明确的了解。误差都是在测量和计算过程中产生的，由此可分为测量误差（在测量过程中产生的误差）和计算误差（计算过程产生的误差）。测量误差主要来源于观测者、测量仪器、测量环境、测量对象等，而计算误差主要来源于计算精度、计算方法、模型结构及误差结构等。

1.1 本章学习目的

本章的学习目的如下：

(1)进一步了解测树学中的误差来源、分类方法及有效数字。

(2)进一步了解测树学中的常用计量单位及标准符号。

1.2 误差分类

从抽样技术角度，误差可分为抽样误差（由样本估计总体产生的随机误差）和非抽样误差（抽样误差以外的其他误差）。

从误差来源角度，误差可分为过失误差（粗差）、系统误差和偶然误差。

为了减小测算结果的误差，必须认真考虑误差的不同来源，以在工作过程中加以注意。因此，有必要详细地讨论误差的来源。

1. 过失误差（粗差）

过失误差是由工作者过失引起的。例如，错误使用仪器、读错数字、计算错误等。这类误差只要通过细心工作、多次重复观测、及时检核与验算、严格督促检查，就能避免。

2. **系统误差**

系统误差是由于某种原因引起一个不变的恒定误差值，并朝一个固定方向偏大或偏小。这类偏差，有的可在事后对结果加以改正，例如，仪器刻度有错、测计尺度（轮尺、皮尺、材积表等）偏大或偏小、计算公式有偏等；但有些系统误差在事后却无法改正，且无法知道其偏差大小，如系统抽样设计不当引起的系统偏差等，这种偏差只有在抽样设计中严加注意，才可避免。注意，多次重复测量计算平均值不能减小系统误差。

3. **偶然误差**

此种误差的大小和正负符号完全是偶然的，可看作随机变数。在测树工作中，这种误差的来源可以是多方面的，例如，用轮尺测定树干直径，用材积表确定树木材积、林分或森林蓄积量，用随机样地估计森林总蓄积量，等等，都会产生偶然误差。抽样误差也属于偶然误差。偶然误差是无法避免的，但其误差值的大小却可以控制，且可以根据概率论的原理和方法估计出误差的取值范围。这是森林抽样调查设计所要考虑的重要问题之一。

1.3 精确度与准确度

明确了以上各种误差的概念，就不难弄清精确度和准确度的概念。精确度和准确度这两个名词在日常生活中往往被混淆，但在科学技术上，它们各有不同的含义。

精确度也叫精密度，是指由于偶然误差而使观测值在其平均值周围的一致性程度。例如，用同一个测高器重复测同一株树的高度若干次，每次量测结果不会完全相同。各次量测值之间差别小（一致性程度高）表示测定的精确度高；反之，则低。在抽样调查中，各个样本单元观测值与样本平均值的一致程度也同样用精确度表示。因此，精确度可用来表示仪器的效能或抽样调查结果与总体的一致程度。

准确度则表示测算求得的近似值与真值的接近程度。它和总误差相对应，总误差小的准确度高；反之，准确度低。任何一个测算结果可能混合有过失误差、系统误差和偶然误差。一个测算结果，即使偶然误差或抽样误差很小，精确度很高，也可能含有较大的过失误差或系统误差，其结果的总误差仍可能很大，即准确度可能很低。

在测树工作中，有些量可以直接量测求得，如树干直径等，有些量则只能推算得出，如树干材积、森林蓄积量等。综合应用量测、推算方法求得调查对象的近似值是测树学的基本测算技术。因此，最后求得的结果必然包含了各种性质的误差。尽管实践中通常只计算出抽样误差或精确度，但全面考虑各种可能产生的误差，力求提高最后测算结果的准确度，这是测树工作中必须特别注意的问题。

1.4 有效数字

有效数字是指能有效反映某一数量大小的数字。由于误差的客观存在，测算只能取得近似值，由此会产生有效数字问题。测算过程中记录和运算所取的数字位数，如少于有效数字，会损失精度；如多于有效数字，会造成无效劳动。因此，有必要掌握有效数字的规律。

一个数的有效位数是从左向右自第一个非零数字开始到最后一个可能是零的数字为止的位数。例如，24、2.4、0.24、0.024 等数字都有 2 和 4 两个有效数字。

一个数量，如只改变其计量单位，则只移动其小数点位置，有效数字的数目不变。例如，1.341 m和 134.1 cm 都有四个有效数字。

在测量和模拟计算过程中，首先碰到的有效数字问题是量测数字的记录要遵从有效数字规则。例如，用测高器测树高，可以米为单位记录，如要求记录到厘米，则应该被认为是不正确的，因为这种量测达不到这个精度。在数据处理上，如树高量测值是 13.1 m，不可写成 13.10 m，如果是 13.0 m，不可写成 13 m。因为 13.1 和 13.0 这两个数字的有效数字是三位，而 13.10 是四位有效数字，13 则是两位有效数字。

记录的有效数字可以认为都是整化值。例如，13.1 这个数可认为是由 13.05 到 13.14 之间的任一个数整化而来。整化可采取四舍五入法则，也可以采取舍去尾数的办法。例如，13.06 这个数，如采用四舍五入法则，则应整化为 13.1，如采取舍去尾数的办法，则应整化为 13.0。

1.5 径阶整化

在大量测定工作中，往往需要更大幅度的整化。例如，测定大量树木的直径时，通常按 2 cm或 4 cm 间距进行整化。此时只记录 2、4、6、8 或 4、8、12、16 等整化值。两个整化值中间的数值，可按统计上规定的上限排外法或下限排外法，归入上一个或下一个整化值。例如，若按 2 cm 整化，采取上限排外法，则 3.0、5.0、7.0 等值应分别归入 4、6、8 等整化值中。

上限排外法：这是一种常见的径阶整化方法，将实际直径按上限排外法分组，所分的组称为径阶。径阶大小(组距)可以是 1 cm、2 cm 或 4 cm。例如，当按 1 cm 分组时，最小径阶的组中值就是 1 cm。

径阶整化刻度法：在轮尺上，除了普遍的米尺刻度外，还有整化刻度。径阶整化刻度的方法是将各径阶的组中值刻在该径阶的下限位置，这样做可以简化读数和计算过程。

胸径测量和平均胸径计算：在进行胸径测量时，使用测树围尺分别对树种(树种组)、材质逐株检尺。检尺位置为检尺树上坡位置树干高 1.3 m 处。测量后，每径阶选取胸径值最接近径阶中值、生长正常的样木 1～3 株测量树高，以计算平均胸径。

径阶整化误差计算：在林分调查中，径阶整化必然会产生误差，这种误差记作 P_V。研究者会对这种误差进行计算和分析，以评估整化方法对调查结果的影响。

1.6　主要计量单位及符号

在测树应用技术中，调查因子主要包括直径、断面积、高（长）度、材积（或蓄积量）、年龄等。我国的长度计量单位采用米制。在测树应用技术中，各种量的计量单位及惯用符号见表1－1。

表1－1　主要测计量及其单位符号

测计量	常用符号	计量单位	计量单位标准符号
树干直径	D、d	厘米	cm
林分平均直径	D_g	厘米	cm
林分算术平均直径	$\bar{D}$	厘米	cm
树干断面积	g	平方米	m^2
林分总断面积	G_T	平方米	m^2
林分平均断面积	$\bar{g}$	平方米	m^2
林分每公顷林木断面积	G	平方米	m^2
树干全部或局部长度	L 或 l	米	m
树木全高或某部位高度	H 或 h	米	m
林分平均高	H_D	米	m
林分算术平均高	$\bar{H}$	米	m
林分优势木平均高	H_T	米	m
树干全部或局部材积	V 或 v	立方米	m^3
林分或森林蓄积量	M_T	立方米	m^3
林分每公顷林木蓄积量	M	立方米	m^3
材积（连年）生长量	Z_v	立方米	m^3
林木年龄	A 或 t	年	a
林分年龄	A	年	a

第2章 基本测树仪器的种类及使用方法

树木的直接测量因子及其派生的因子称为基本的测树因子，直接测量因子是指通过测量仪器直接测得的因子，如树干的直径、树高等；还有一些因子，如树干横断面积、树干材积、形数等，是在直接测量因子的基础上，通过计算获得的因子，称为派生测定因子。在实际调查中，直径和树高是两个重要的测树因子，对森林资源清查、模型模拟及森林经营管理决策至关重要。

2.1 本章学习目的

本章的学习目的如下：

(1)熟悉几种常用测树仪器的基本构造、原理及其使用方法。

(2)掌握树木直径和树高的测定方法及其注意事项。

2.2 树高和直径的测定仪器及其构造原理、使用方法

树高和直径不仅是森林资源调查中的主要观测因子，也是衡量树木生长好坏的两个重要因子，因此，选择适宜的观测设备并掌握其正确的使用方法，对提高观测精度具有重要作用。本节重点介绍生产实践中常用的测径仪器(轮尺、胸围尺)、测高仪器(布鲁莱斯测高器、超声波测高器)及多功能测试仪(林分速测镜、快特能 RD 1000 激光电子测树仪)的构造、原理及其使用方法。

2.2.1 轮尺

轮尺又称直径卡尺(见图 2 - 1、图 2 - 2)，有木制和铝合金制两种，构造十分简单，主要由固定脚、滑动脚、测尺三部分构成，固定脚和滑动脚与测尺保持垂直。目前，最先进的电子自计轮尺可以自动记录直径观测数据，测量结果直接存储后，可以在计算机上读取并进行处理，这样不仅可以节约时间，而且记录准确。在森林调查中，为简化测算工作，通常将实际直径按上限排外法进行分组，所分的组称为径阶，用其组中值表示。径阶大小(径阶距)一般可以按 1 cm、2 cm 或 4 cm 进行划分。

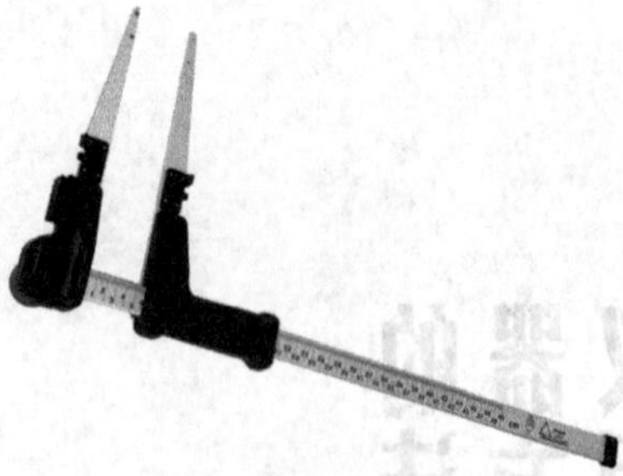

图 2-1　轮尺

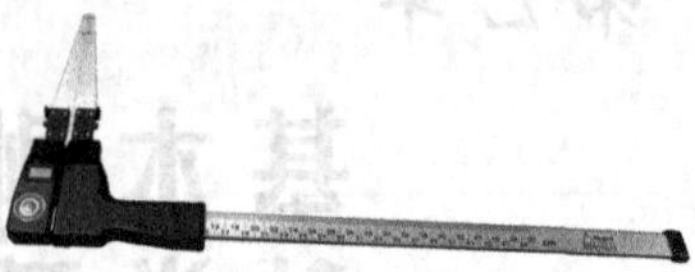

图 2-2　电子自计轮尺

轮尺测径注意事项：

(1)测径时，轮尺固定脚、滑动脚、测尺必须紧贴树干，读出数据后，才能从树干上取下轮尺。

(2)测立木胸径时，应严格按照树干高 1.3 m 的部位进行测定。如在坡地，应站在坡上部，确定树干高 1.3 m 处的部位，然后再测量其直径。树木若在树干高 1.3 m 以下分叉时，按两株分别记测。

(3)当树干横断面不规则时，应在树干相互垂直的两个方向分别测径，取其平均数作为胸径测定值。

(4)当树干横断面有瘤状物或畸形时，应在其上下等距处测径，取其平均数作为胸径测定值。

2.2.2　围尺(直径卷尺)

围尺又称直径卷尺(见图 2-3)，是用于围测树干直径的卷尺，一般长 1～3 m。围尺有上、下两个刻度值，上部刻度值为经过换算后的直径值，下部刻度值为普通米尺刻度值。使用时，必须将围尺拉紧后平围在树干上，应使围尺与树干垂直在同一水平面上，防止倾斜，才能读数；否则，易产生偏大的观测误差。

图 2-3　围尺及测径示意

2.2.3 测高器

测高器是基于相似三角形原理或三角函数原理设计而成，用于测定树木高度的工具。测高器种类较多，常用的测高器包括布鲁莱斯测高器、超声波测高器、激光测高测距仪、PM-5测高仪、拉杆测高器等。

1. 布鲁莱斯测高器

在布鲁莱斯测高器的指针盘上(见图 2-4)，有几种不同水平距离的高度刻度。使用时，先要测出测点至树木水平距离，且要等于整数 10 m、15 m、20 m、30 m。测高时，按下仪器背面启动按钮，让指针自由摆动，用瞄准器对准树梢后，稍停 2～3 s，待指针停止摆动呈铅垂状态后，按下制动按钮，固定指针，在刻度盘上读出对应于所选水平距离的树高值，再加上测者眼高，即为树木全高。

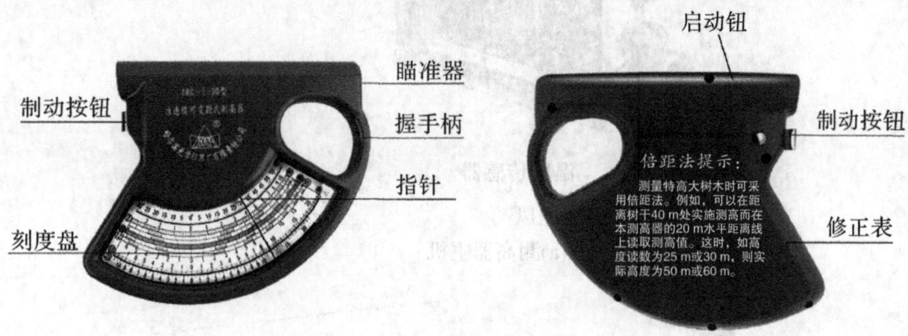

图 2-4 布鲁莱斯测高器

布鲁莱斯测高器的测高误差在±5%的范围内。图 2-5 为在坡地上的测高示意图。为了获取比较准确的树高值，使用布鲁莱斯测高器时一般应注意以下几个方面：

(1)选择的水平距尽量接近树高，在这种条件下，测高误差比较小。

(2)当树高太小(小于 5 m)时，不宜用布鲁莱斯测高器测高，可采用长杆或测杆直接测高。

(3)对于阔叶树，应注意确定主干梢头的位置，不要误将树冠倒侧当作树梢，以免测高值偏高或偏低。

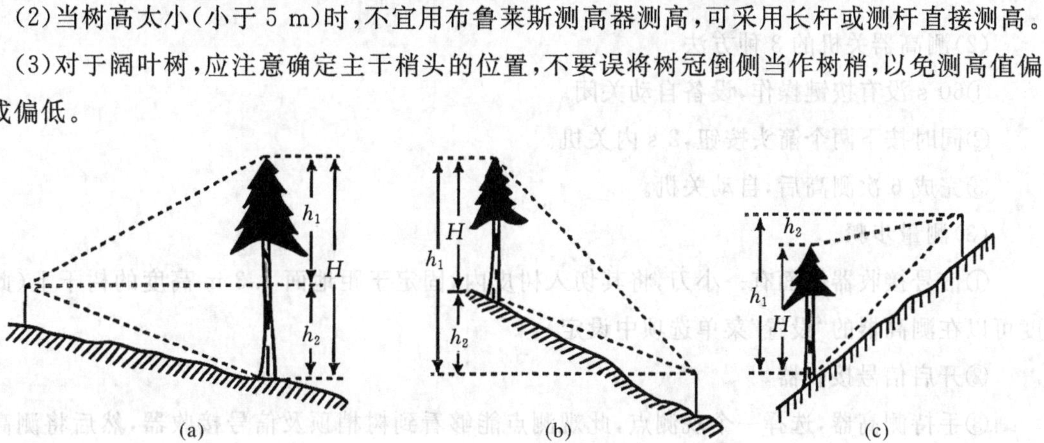

图 2-5 在坡地上测高

2. 超声波测高器

超声波测高器可用来测量物体的高度和测量距离、角度、坡度和空气温度(见图 2－6)。超声波测高器通过超声波信号发送与接收来获得准确的距离,高度是由距离和角度的三角函数关系计算得到的。

(1)设备的启动。

①开机前,在测高器和信号接收器上各装一枚 5 号电池。

②红色“ON”按钮为测高器的启动键。

③将测高器放在距离信号接收器 1～2 cm 处,按下红色“ON”按钮,信号接收器将自动开启。

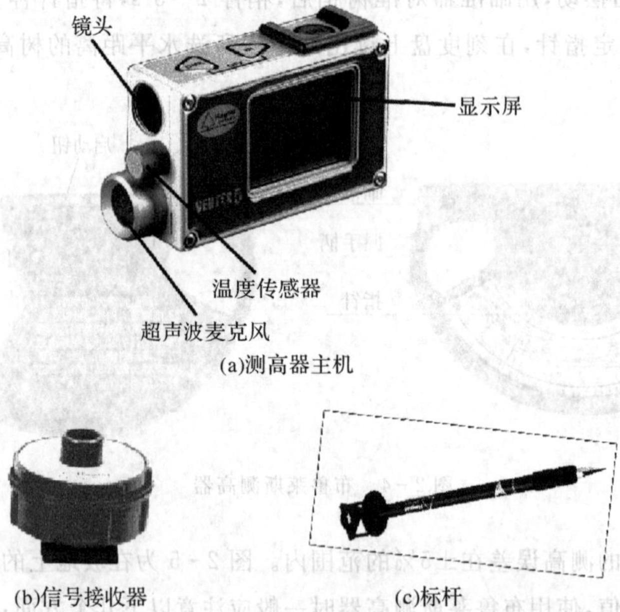

(a)测高器主机

(b)信号接收器　(c)标杆

图 2－6　超声波测高器

(2)测高器关机的 3 种方法。

①60 s 没有按键操作,设备自动关闭。

②同时按下两个箭头按钮,2 s 内关机。

③完成 6 次测高后,自动关机。

(3)测量步骤。

①信号接收器侧面有一小刀,将其切入树皮内,固定于距地面 1.3 m 高度的树干上(此高度可以在测高器的“设置”菜单选项中设定)。

②开启信号接收器。

③手持测高器,选择一个观测点,此观测点能够看到树梢顶及信号接收器,然后将测高器的红色“ON”按钮一直保持按下的状态,将测高器瞄准镜中的红点对准信号接收器,直到瞄准镜中的红点消失为止,此时,松开红色“ON”按钮,测高器的显示屏上将显示出观测点到信号

接收器的距离、角度和水平距离。

④再将瞄准镜中的红点对准树梢顶，这时红十字线闪烁，按下红色“ON”按钮直到红十字线消失为止，松开红色“ON”按钮，此时，在测高器显示屏上将显示树的高度(假定信号接收器固定高度为 1.3 m)；然后再对准树梢顶，重复此步骤，可连续测得 6 个树干上不同部位的高度。

(4)使用仪器注意事项。

①不要触摸设备前方的温度感应器。

②在打开仪器时，要预热一段时间，保证仪器温度与周围环境温度一致，否则测量精度会下降。

③手握测高器，将其显示屏与地面垂直。

3. **激光测高测距仪**

激光测高器型号较多(VL 400 激光测高测距仪见图 2-7)，不仅具有测距、测高、测角的功能，而且具有携带方便、操作简单、测量速度快等特点。在林地中使用激光测高测距仪时，由于激光光束经常会受到遮挡，导致观测精度较低，进而降低了它的实用性。

近年来，多用途的综合性测树仪器的研制取得了较大的进展，其共同特点是一机多用。综合性测树仪器使用方便，能测定树高、立木任意部位直径、水平距离、坡度和林分每公顷胸高断面积等多项调查因子，在林业生产和科研教学工作中发挥了重要作用。我国经常使用的综合性测树仪器有林分速测镜、DQW-2 型望远测树仪、快特能 RD 1000 激光电子测树仪等。

图 2-7　VL 400 激光测高测距仪

(1)林分速测镜。林分速测镜是综合性的袖珍光学测树仪，仪器外壳用轻金属制成，以相似性原理和三角函数作为测量原理，其构造如图 2-8(a)所示。林分速测镜能够测定水平距离、树高、立木上部直径等因子。

林分速测镜的关键构件为鼓轮及贴在鼓轮上的刻度纸。刻度纸上有宽窄不同和黑白相间的带条标尺，全部测量用的标尺都刻画在这个鼓轮表面，它们通过透镜及反射镜而投入观测者的眼睛。鼓轮上的标尺展成平面后，如图 2-8(b)所示。

①P 标尺:用于观测坡度,以度为单位。

②H 标尺:用于观测树高,以 m 为单位,最小读数为 0.25 m。

③S 标尺:用于观测水平距离,以 m 为单位。

④l 标尺及黑白条带:用于观测立木上部直径,以 cm 为单位。

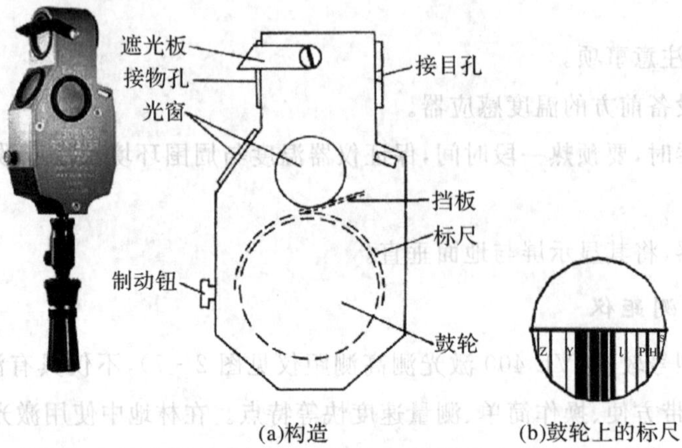

图 2-8　林分速测镜构造

标尺 H 和 P 上的零刻度恰好浮在鼓轮最高点上。由于鼓轮能随着仰角或俯角而自如转动,故各种标尺具有坡度自动改平的优点。

使用林分速测镜时,用一只手握住仪器下部,食指按下制动钮,使鼓轮自由转动,用一只眼睛紧贴接目孔观看,这时鼓轮上标尺均在圆形视域中出现,且被准线分为上下两半。测量时,所用标尺带宽及刻度数字均以准线上出现的为准。有时按下制动钮,鼓轮摆动很大,这时可连续制动两三次,待鼓轮静止时,在准线上读取数据。

(2)快特能 RD 1000 激光电子测树仪。快特能 RD 1000 激光电子测树仪是一款专用于林业研究的激光技术测树仪(见图 2-9)。其内置角规常数程序,可用来测量断面积、直径和树高。与林分速测镜不同,快特能 RD 1000 激光电子测树仪内嵌的 LED 测量直线比例尺能调节亮度,从而避免了恶劣的地形和茂密树丛的影响。其内置倾角传感器,可用于倾斜校正测量,能够准确地采集到树干任何部位的直径,并能够采集某预定直径在树干上的高度。其具体使用方法及操作过程见李凤日主编的《测树学》(第 4 版)。

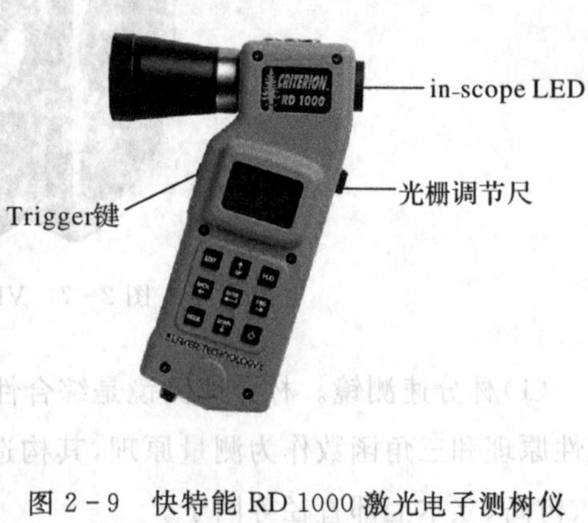

图 2-9　快特能 RD 1000 激光电子测树仪

2.3　直径生长量测定仪

监测植物生长的过程中，植物生长量的测量是必要内容，其中树干生长量的监测亦是必选项目之一。要监测树干周期生长量，每个周期均需测量树干胸径。测量树干胸径的常用方法是在树干胸径(距离树干基部上坡位 1.3 m)处用胸径尺人工测量。

直径生长量测定仪如图 2-10 所示。树干连年生长量的测量步骤如下：

(1)在待测量树干上安装监测装置：将上测量片的上窄边插入下限位件中，将下测量片的下窄边插入上限位件中，并将螺杆插入滑槽中。

(2)调节监测装置至初始零刻度位置：使滑杆在滑槽内滑动，以调节上测量片与下测量片的相对位置，直至两者错台重合，此时上宽边与下窄边上下贴合，上窄边与下宽边上下贴合，最终通过紧固件锁紧滑杆后，即可离开。

(3)在下一个测量周期时，读取上测量片与下测量片错台之间开口的距离，即为树干的连年生长量。

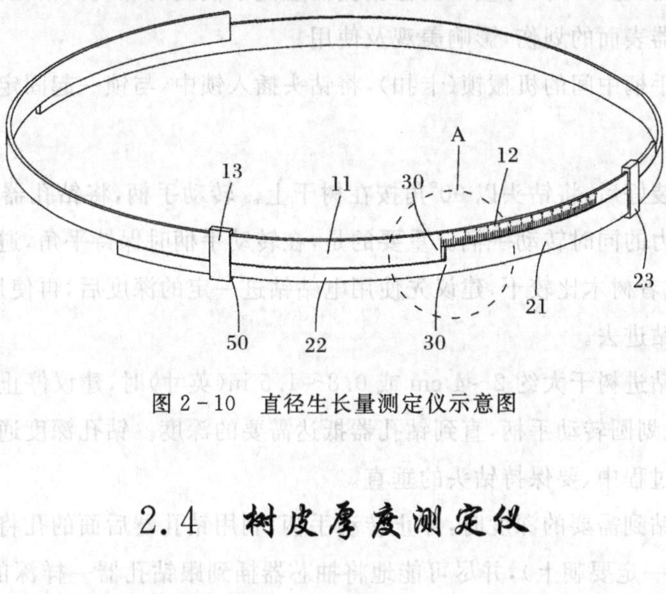

图 2-10　直径生长量测定仪示意图

2.4　树皮厚度测定仪

树木生长锥是一种快速可靠计算树木年龄的工具。它在不破坏树木正常生长的情况下，通过钻取树木木芯样本，从而分析确定树木生长速率、树木年龄、树木生长坚实程度、树木生长环境污染情况以及营养物质运移等相关情况。Haglof 生长锥(见图 2-11)采用了瑞典的碳钢，保证了生长锥的坚固耐用，取样迅速。生长锥常应用于林学、森林生态学等领域。生长锥还可以用来测量树木的深层角质化程度、树皮厚度等。

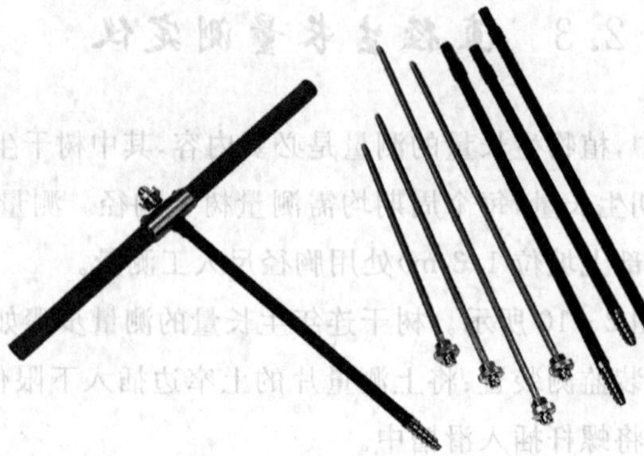

图 2-11 树木生长锥

1. 安装

(1)拧开蓝色手柄一端的螺帽，将钻孔器(镗口)及抽芯器取出。注意：由于手柄内部有螺纹，所以抽出钻孔器(镗口)时，尽量不要让钻孔器触碰手柄里的螺纹。钻孔器触碰手柄里的螺纹，容易造成钻孔器表面的划伤，影响美观及使用。

(2)打开蓝色手柄中间的机械锁(卡扣)，将钻头插入锁中，与锁一起固定。

2. 使用

(1)生长锥安装好后，将钻头以 90°角按在树干上。转动手柄，将钻孔器钻入树干中，注意用力不要太大，用力的同时转动手柄。重要的是，在转动手柄时保持平角，避免钻孔时太用劲。如果树木比较硬或者树木比较干，建议先使用电钻钻进一定的深度后，再使用生长锥往树干里钻，这样比较容易钻进去。

(2)当钻孔器钻进树干大约 2～4 cm 或 0.8～1.5 in(英寸)时，建议停止用力推送，代替以张开的手掌简单地划圆转动手柄，直到钻孔器抵达需要的深度。钻孔深度通常深入树干中心。记住，在整个钻孔过程中，要保持钻头的垂直。

(3)当生长锥钻到需要的深度时，停止转动手柄，利用钻孔器后面的孔将抽芯器插进去(注意：抽芯器 V 形槽一定要朝上)，并尽可能地将抽芯器插到跟钻孔器一样深的地方。将抽芯器推入钻孔后，将手柄反转半圈或者一圈，扭断树芯或者让树芯松动。

(4)扭断树芯后，将抽芯器小心取出，此时树芯被抽芯器的齿端紧紧固定。如果可能的话，建议在检查树芯之后，再将它插入树中。这样可以帮助树木自愈，并能防止昆虫对敏感树种的侵害。取出树木样芯后，反转生长锥，将生长锥从树干中取出。

(5)利用尺子对树木样芯进行树皮部分的测量并记录数据。

2.5　角规

角规是一种林分测定工具，它通过按照既定视角在林分中有选择地计测为数不多的林木，从而高效率地测定出有关林分调查因子。

2.5.1　杆式角规

在地势平坦的林内选设的观测点上，测者将杆式角规的一端贴于眼下，选一株起测木，通过另一端缺口观测四周每株林木的胸高位置，并根据角规缺口的两条观测视线与胸高断面积的关系，按图2－12的观测方法计数。

(1)凡缺口宽度小于胸高直径者，则计数为1株。

(2)凡缺口宽度等于胸高直径者，则计数为0.5株。

(3)凡缺口宽度大于胸高直径者，则不计数。

2.5.2　棱镜角规

在角规点上，测者手持棱镜角规并使镜片厚端垂直于待测树干的胸高位置处，然后逐株绕测一周，根据镜片上树干位移的虚像与树干实像之间的关系，按图2－13的观测方法计数。

(1)凡虚像与树干重叠，计数1株。

(2)凡虚像与树干相切(临界树)，计为0.5株。

(3)凡虚像与树干分离，不计数。

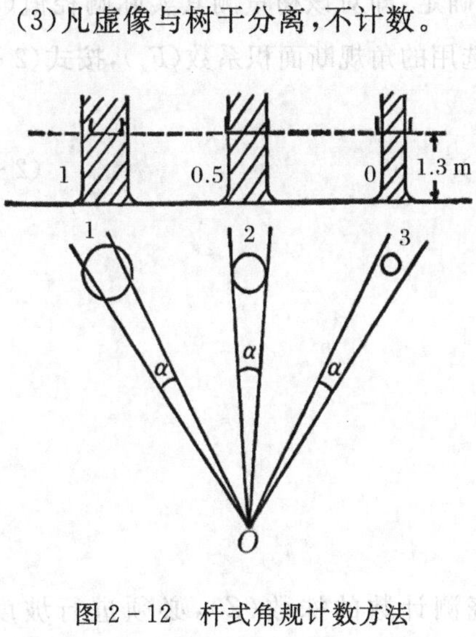

图2－12　杆式角规计数方法

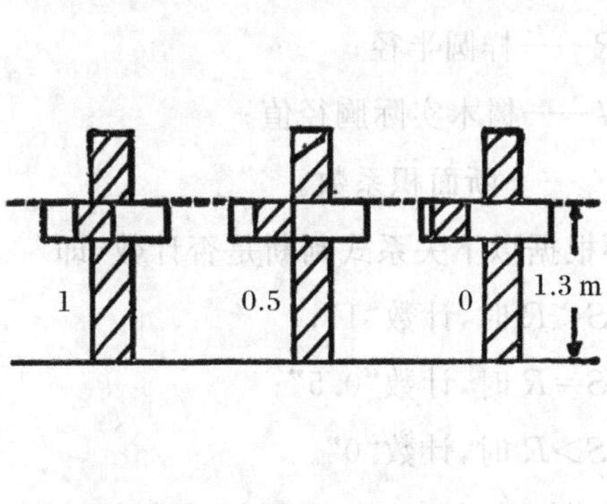

图2－13　棱镜角规观测与计数示意图

2.5.3 自平曲线角规

它是一种固定杆长、能伸缩，并能随坡度变化自动调整角规缺口宽度，达到能逐株改正坡度的角规(见图 2-14)。用自平曲线角规观测计数的方法与杆式角规相同。

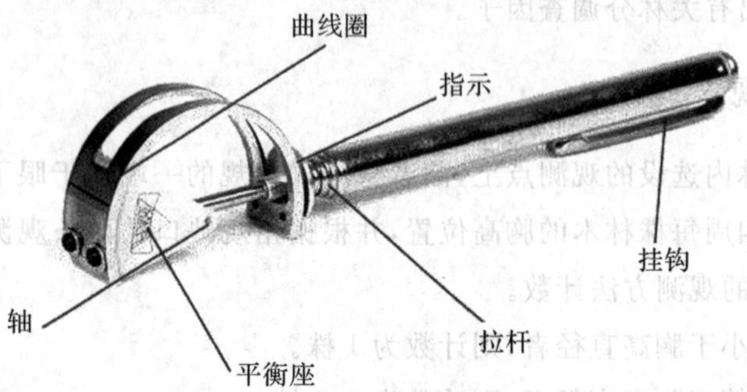

图 2-14 自平曲线角规构造

注意事项：

(1)使用以上三种角规，在角规点上逐株观测周围林木进行计数的工作称绕测。观测时，要严格按角规测树技术的要求绕测，这决定着每公顷断面积的绕测精度。

(2)在角规点上，点位不能随意移动，且必须保持在树干胸高位置处观测。

(3)在同一测点上，应按正、反方向绕测 2 次，若计数结果相差超过一株时，必须重新绕测。

(4)角规点上的临界树难于判断时，应用实测方法确定，即对该树量测其实际胸径值(d)，并用皮尺量出测点至树干中心的水平距离(S)。根据选用的角规断面积系数(F_g)，按式(2-1)计算样圆半径。

$$R = 50d\ (F_g - 1)^{\frac{1}{2}} \tag{2-1}$$

式中 R——样圆半径；

d——树木实际胸径值；

F_g——断面积系数。

然后，再根据以下关系式判断是否计数，即

当 $S<R$ 时，计数“1”；

当 $S=R$ 时，计数“0.5”；

当 $S>R$ 时，计数“0”。

(5)当坡度大于 5°时，用杆式角规或棱镜角规绕测计数的株数(Z)，必须进行坡度改正。即

$$Z = Z_0 \times \sec\theta \tag{2-2}$$

式中 Z_0——在坡地上绕测计数的株数；

θ——测点林地的坡度。

(6)计算每公顷断面积。计算公式如下：

$$G = F_g \times Z \tag{2-3}$$

或

$$G = F_g \times Z_0 \times \sec\theta \tag{2-4}$$

将计算结果填入表中。

2.6 叶面积测定仪

叶面积测定仪是一种用于测量植物叶片面积的科学仪器，它在植物生长研究、农业生产管理、环境生态学研究等领域具有广泛的应用。叶面积(LAI)是一个无量纲、动态变化的参数，随着叶子数量的变化而变化。同时，植物叶子的生长与植物种类自身特性、外部环境条件以及人为管理方式有关。另外，叶面积(LAI)的不同定义和假设导致了叶面积值测量的极大差异。以下是常见的几种叶面积测定仪。

2.6.1 LAI-2200 植物冠层分析仪

LAI-2200 植物冠层分析仪基于成熟的 LAI-2000 技术平台，利用"鱼眼"光学传感器(垂直视野范围 148°，水平视野范围 360°，波谱响应范围 320～490 nm)测量树冠上、下 5 个角度的透射光线，利用植被树冠的辐射转移模型(间隙率)计算叶面积指数、空隙比等树冠结构参数。同时，利用随机 FV-2200 软件，可对数据进行深入处理分析。LAI-2200 植物冠层分析仪如图 2-15 所示。

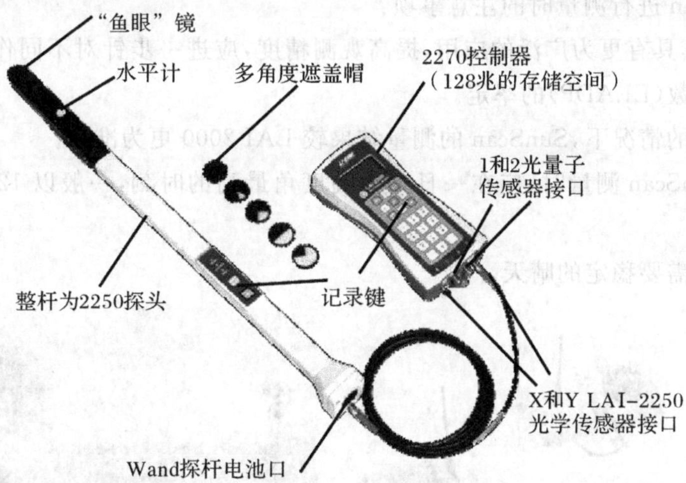

图 2-15 LAI-2200 植物冠层分析仪

使用 LAI-2200 植物冠层分析仪进行测量时，要尽可能避免直射的阳光，尽量在日出日落时或者多云的天气(阴天)进行测量，如果避免不了，需要注意：

(1)使用 270°的遮盖帽或者更小视野的遮盖帽。

(2)背对着阳光进行测量，遮挡住日光和操作者本身。

(3)对植物冠层进行遮阴处理。

(4)如果在云分布不均匀导致光线不均匀的天气条件下，要等待云彩飘过并且遮挡了阳光时再进行测量。同时，在非均匀、不连续植被情况下以及复杂地形区的测量结果不理想。

2.6.2 SunScan 植物冠层分析仪

SunScan 的组成：SunScan 探测器，一支 1 m 长、内嵌 64 个光合有效辐射传感器的探测器；反射系数传感器(BFS)，综合了 2 个光合有效辐射(PAR)传感器，并能很容易地计算出作物冠层的 PAR 及直射光与漫射光的比例关系；数据采集终端，一种从采集到分析读数的高效、轻便的掌上电脑，内含 2 M 内存；SunData 软件，对测量参数进行分析处理；三脚架，用来安放 BFS。

SunScan 系统各部件连接示意图如图 2-16 所示。

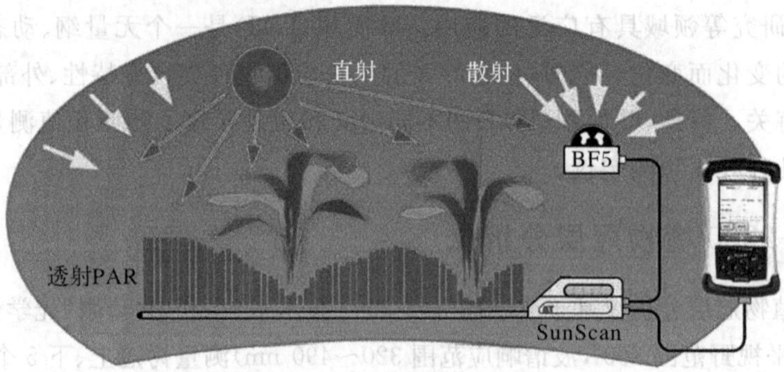

图 2-16 SunScan 系统各部件连接示意图

使用 SunScan 进行测量时的注意事项：

(1)为了使其具有更为广泛的应用，提高观测精度，应进一步针对不同作物冠层进行椭球体叶倾角分布参数(ELADP)的率定。

(2)LAI<1 的情况下，SunScan 的测量结果较 LAI-2000 更为准确。

(3)应用 SunScan 测量时，应在一日太阳高度角最高的时刻，一般以 12:00—14:00 为宜(见图 2-17)。

(4)测量时，需要稳定的晴天。

图 2-17 SunScan 植物冠层分析仪

2.6.3 TRAC 植物冠层分析仪

TRAC 植物冠层分析仪(见图 2-18)由陈镜明教授研制,它通过在冠层下方沿着横断面测定植物冠层吸收的光合有效辐射分量,然后将之转换为林隙比例分布,从而计算出叶面积指数等其他参数。TRAC 植物冠层分析仪通过测量聚集指数,不用假设叶片在空间随机分布,有效地解决了聚集效应的问题。

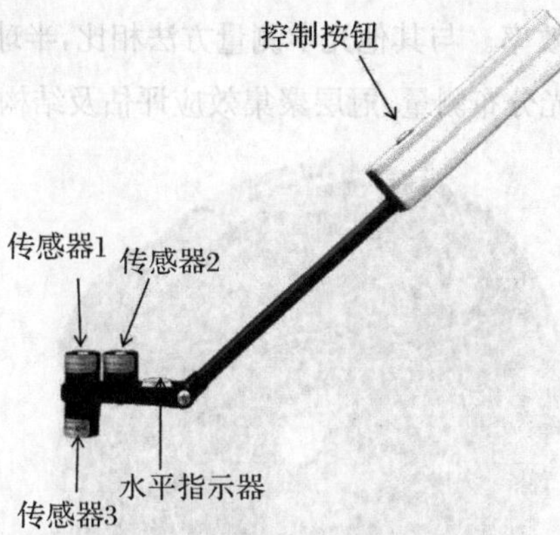

图 2-18 TRAC 植物冠层分析仪

注意,TRAC 植物冠层分析仪需在天空晴朗无云条件下测量。当植被稀疏不连续时,尤其是在非均质程度较高的森林地区,考虑了聚集效应的 TRAC 植物冠层分析仪能获得更高的精度。

2.6.4 AccuPAR 植物冠层分析仪

AccuPAR 植物冠层分析仪(见图 2-19)的线性探头中包括 80 个 PAR 光量子传感器,光谱响应范围为 400～700 nm,分布间隔为 1 cm,用于接收环境光照中 PAR 部分的变化。通过输入研究区域的经纬度和时间,仪器可以自动计算出天顶角,并结合叶角分布参数和冠层上、下 PAR 的光斑比率,计算植物冠层的 LAI 值。

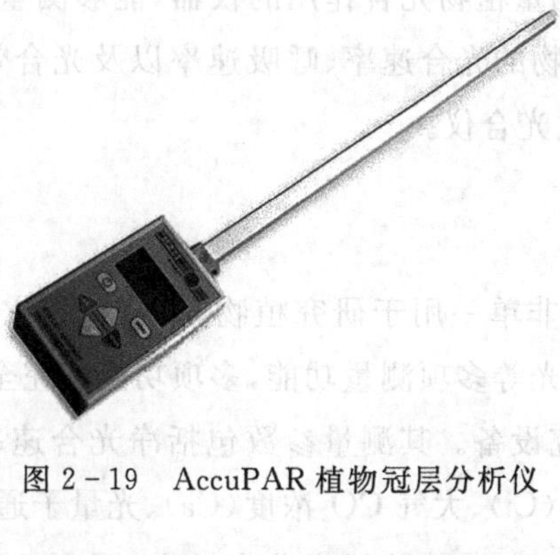

图 2-19 AccuPAR 植物冠层分析仪

AccuPAR 植物冠层分析仪可同时测量太阳直射和散射,在晴天下工作。但由于仪器未考虑太阳半影效应影响,且针对低矮规则植被冠层开发设计,因此不宜于森林冠层 LAI 的测量。

2.6.5 半球摄影方法

半球摄影方法(digital hemispherical photography,DHP)采用视场角接近或等于 180°的鱼眼镜头(见图 2-20)摄影,将整个半球空间投影在影像水平面上成像。商业化鱼眼镜头有极化投影、正射投影、兰伯特等积投影和立体等角投影 4 种投影方式,极化投影和立体等角投影为常见的投影方式。半球摄影方法可单次测量上半球方向间隙率,因而其在冠层充分采样的同时,可极大提高地面 LAI 的测量精度及效率。与其他光学测量方法相比,半球摄影方法在冠层信息永久记录、冠层半球方向直射光及散射光分布测量、冠层聚集效应评估及结构参数测量等方面优势明显。

图 2-20 鱼眼镜头

半球摄影方法适宜在黎明前、黄昏后和多云天气条件下观测。采用半球摄影方法时,相机曝光设置、相机类型、影像分辨率等观测条件均不同程度地影响 LAI 测量精度。

2.7 光合仪

光合仪是一种专门用于测量植物光合作用的仪器,能够测量植物的光合效率和分析能量代谢情况,准确快速地测量植物的光合速率、呼吸速率以及光合效率等参数。目前,研究中常用的光合仪为 LI-6400 便携式光合仪。

2.7.1 仪器使用功能

LI-6400 便携式光合仪并非单一用于研究植物光合作用,它同时包括光合、呼吸(分为植物呼吸和土壤呼吸)、蒸腾、荧光等多项测量功能,多项功能的完全集成使得 LI-6400 成为生态学研究领域中重要的基础研究设备。其测量参数包括净光合速率(Pn)、气孔导度(Gs)、蒸腾速率(Ts)、细胞间隙 CO_2浓度(Ci)、大气 CO_2浓度(Ca)、光量子通量密度(PFD)、叶温(TL)、相对空气湿度(RH)。如果配备 6400-40 叶绿素荧光叶室,可测试以下参数:最大荧光(Fm)、初始荧光(Fo)、可变荧光(Fv)、光化学猝灭(qP)、非光化学猝灭(qN)。此外,在进行自动测量的基础上，还可以进一步计算饱和点、补偿点等多项重要生理生态指标。

LI-6400 参数如表 2－1 所示。

表 2－1　LI-6400 参数表

（主机显示屏测量菜单显示的参数说明，A～L 是行号）

行号	测量参数	测量参数含义	行号	测量参数	测量参数含义
A	CO_2R_μmL	参比室 CO_2 浓度（μmol CO_2 mol^{-1}）	G	Prss_kPa	大气压力（kPa）
	CO_2S_μmL	样本室 CO_2 浓度（μmol CO_2 mol^{-1}）		ParIn_μm	叶室内光合作用有效辐射（μmol m^{-2}s^{-1}）
	H_2OR_mL	参比室 H_2O 浓度（mmol H_2O mol^{-1}）		ParOutμm	外界光合作用有效辐射（μmol m^{-2}s^{-1}）
	H_2OS_mL	样本室 H_2O 浓度（mmol H_2O mol^{-1}）		BLC_mol	总叶片边缘层导度（mol m^{-2}s^{-1}）
B	ΔCO_2_μmL	CO_2 变化量（样本－参比）（μmol CO_2 mol^{-1}）	H	Tblock ℃	冷却器温度（℃）
	ΔH_2O_mL	H_2O 变化量（样本－参比）（mmol H_2O mol^{-1}）		Tair ℃	样本室温度（℃）
	Flow_μmL	样本室内气流速率（μmol s^{-1}）		Tleaf ℃	叶片温度（℃）
	RH_S_%	样本室内相对湿度（%）			
C	Photo	光合作用速率（μmol CO_2 m^{-2}s^{-1}）	I	HH:MM:SS	实时时钟
	Cond	气孔导度（mol H_2O m^{-2}s^{-1}）		Program	自动测量程序状态
	Ci	胞间 CO_2 浓度（μmol CO_2 mol^{-1}）		CHPWMF	Status word(summary of line J)
	Trmmol	蒸腾速率（mmol H_2O m^{-2}s^{-1}）		Battery	电池电压（V）
D	Ci/Ca	胞间 CO_2/环境 CO_2	J	CO_2	CO_2 IRGAs 状态
	VpdL	叶温下蒸气压亏缺（kPa）		H_2O	H_2O IRGAs 状态
	VpdA	气温下蒸气压亏缺（kPa）		Pump	泵状态
				Flow	流速控制器状态
				Mixr	CO_2 混合器状态
				Fan	叶室风扇状态
E	TotalCV%	CO_2CV_%，CV_%，及 Flow_CV% 总变异系数	K	Program	显示自动测量程序状态
	ΔCO_2CV_%	ΔCO_2_μmL（%）变异系数		ProgPrgs	AutoProgram step counter
	ΔH_2O CV_%	ΔH_2O_mL（%）变异系数		FwMxCrLp	Numerical summary of the four stability flags
	Flow_CV%	Flow_μmL（%）变异系数		TotalCV%	See total CV% under E above
F	RH_R_%	参比室相对湿度（%）	L	CRagc_mv	Reference CO_2 AGC (automatic gain control) signal, in mV
	RH_S_%	样本室相对湿度（%）		CSagc_mv	Sample CO_2 AGC signal
	Td_R_%	参比室露点温度（℃）		HRagc_mv	Reference H_2O AGC signal
	Td_S_%	样本室露点温度（℃）		HSagc_mv	Sample H_2O AGC signal

2.7.2 硬件组成与存放

图 2-21 为仪器在主机箱内的安放位置与名称(请注意安放的方式)。

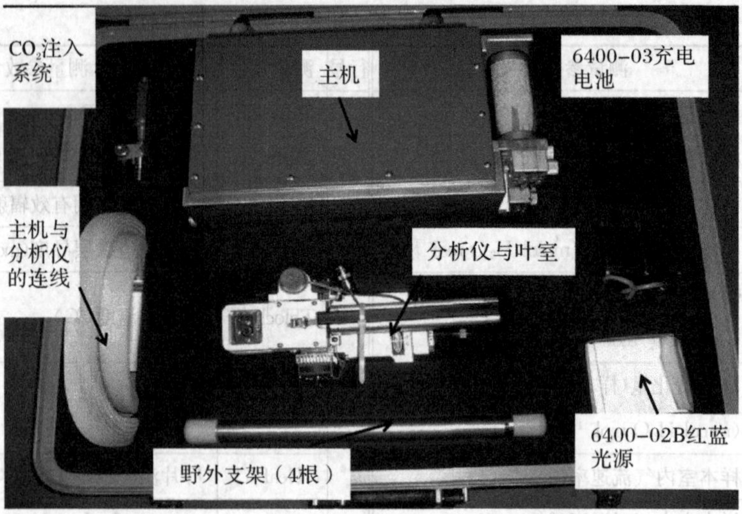

图 2-21　仪器在主机箱内的安放位置与名称

2.7.3 仪器使用流程

(1)仪器安装连接。正确连接仪器管线,并连接好进气管缓冲瓶。

(2)开机。打开位于主机右侧的电源开关。

(3)仪器在启动后将显示“Is the IRGA connected? (Y/N)”,选择 Y。

(4)叶室配置选择。选择目前安装的叶室配置,如果安装的是标准叶室,请选择 Factory default,然后回车;如果安装了荧光叶室,请选择 6400-40 Default Flurometer,然后回车;如果安装了土壤叶室,请选择 6400-09 soil Chamber,然后回车。其他叶室方法相同,只需要选择不同的叶室就可以了。

(5)调零。向 SCRUB 方向拧紧碱石灰管和干燥管上端的螺母。关闭叶室,即压下黑色手柄,并旋紧固定螺丝即可。

在主菜单按 F3 按钮选“Calib Menu”项:

①选“Flow Meter Zero”项(调气流量为零),回车。

等待流速的电压读数基本稳定,用 F_1、F_2 上下调节,至读数基本稳定,且在 -0.5 至 $+0.5$ 范围内,按“Exit”按钮退出。

②选“IRGA Zero”(红外线气体分析仪探头调零),回车。

等待 CO_2 浓度和 H_2O 浓度的下降,至读数基本稳定(一般为 20 min),按 F3“Auto All”进行自动调节,结束后按“Exit”退出。

③选“View Store Zeros Spans”,回车后按 F1“Store”来保存,按“Y”确定后,按 F5“Exit”退出。按“escape”按钮,回到主菜单。

(6)手动测量。按 F4“New Measurements”菜单进入测量菜单。

设定文件:按 F1“Open Logfile”建立新文件。回车后输入自己设定的文件名。当显示屏出现提示“Enter Remark”时,输入需要的标记(英文,用于标记样地、植物种类、样品号等)。继续回车,文件设置结束。在夹入叶片之前,如果光合值大于 0.5 或小于 −0.5,应该按 F5“Match”进行匹配。

测量:选取需要测量的植物叶片(3～5 次重复)。测量时间请尽量选择晴朗的天气条件,上午 10:00—11:30 最好。如果植物叶片处于温室内、室内或生长箱内,由于叶片气孔没有完全开放,故需要先用饱和光强来进行气孔诱导,方法可以是采用大瓦数的灯泡来照射(大致需要 20 min 的时间),或者在室外有光条件下活化(会小于 20 min),也可采用 6400-02B 或 6400-40 荧光叶室来进行气孔的诱导开放(这种方法有其缺点,因为样品数量往往很多,这样会多花很多时间)。

向 Bypass 方向拧紧碱石灰管和干燥管上端的螺母。夹上叶片(尽量让叶片充满整个叶室空间,此时测量的植物叶片面积为 6 cm^2,如果无法充满,需要用叶面积仪来确定叶面积,并在测量菜单状态下按数字“3”并按 F1 来修改叶片面积),关闭叶室(即压下黑色手柄),并旋紧固定螺丝(切记不要过紧)。

等待 C 行 PHOTO 读数稳定后即可记录(在 30 s～1 min 左右,判断标准是小数点后最后一位数字的波动在 0.2 左右,注意,如果是室内测量,波动会大一些)。记录方法是按 F1“LOG”按钮或者按分析仪手柄上的黑色按钮 2 s,即可记录一组数据。

换叶片进行下一次测量,重复进行。

(7)自动测量与环境条件控制。

LI-6400 可以控制的环境条件包括温度、CO_2浓度、光强等。一般而言,需要控制环境条件的实验有两种情况。一种是环境变化剧烈,无法准确进行同等环境条件的测量;另一种情况是进行光曲线和 ACI 曲线测量。

①简单环境控制。只需要在手动测量时,按数字来切换菜单。具体各菜单情况如图2-22所示。

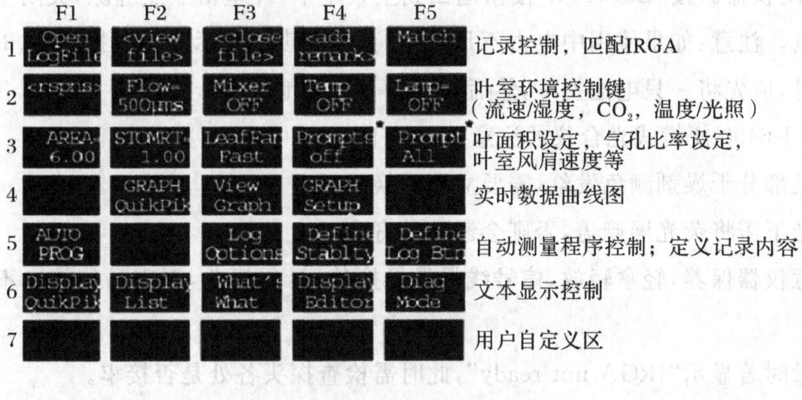

图 2-22　测量菜单下功能键分布图

温度控制：按数字 2，按 F4 菜单控制温度（输入需要的温度后回车即可，注意温度控制范围是环境温度的上、下 6 ℃）。

光强控制：本功能在标准叶室配置下无法完成，此时需要连接 6400-02B 红蓝光源，并重新启动机器选择 6400-02B CHAMBER 配置。启动后其他设置同标准叶室。在测量菜单下按数字"2"，按 F5 按钮选择"Quantum Flux"回车，输入您需要的光强值即可。

CO_2控制：需要连接上 CO_2注入系统，并在主菜单下选择 F3"Calib"按钮进入校准菜单。此时应该把叶室关闭拧紧，把 CO_2过滤管的螺丝拧到"SCRUB"状态。利用上下箭头选择"CO_2 Mixer Calibrate"，回车，等待系统自动进行校准后，回到测量菜单，按数字 2，按 F3 按钮设置 REF CO_2浓度即可进行测量。测定完成后，关闭气流、温度、光强控制，退回主菜单。

②自动测量。

光曲线：夹上气孔开放后的叶片，建立新文件后，进行匹配。测量菜单下按数字 5，按 F1，选择"LIGHT CURVE"，回车，并输入光强梯度（例如 2000、1500、1200、1000、800、600、400、200、100、50、20、0）。进一步输入最小等待时间（例如 120 s）和最大等待时间（例如 240 s）。输入匹配值（例如 20×10^{-6}），回车，机器即进入自动测量，测量后关闭文件，然后退出（注意，此测量要求 CO_2浓度变化不大，否则应该控制其浓度）。

ACI 曲线：设定强光为饱和光，其他同于光曲线，不同点是选择"ACI CURVE"，输入浓度梯度（例如 380、300、200、100、50）。

(8)数据输出。将计算机与仪器连接，对仪器状态进行调整（主菜单下按 F5"UTILITY"进入应用菜单，选择"FILE EXCHANGE"，回车即可）。

取出随机带的软件光盘，在计算机上安装 WINFX 软件。安装完毕后启动此软件，并选择 CONNECT，然后把 LI-6400 内的"USER"文件夹下的数据文件拖到计算机中的某个文件夹下即可。使用此文件时，只需要打开 EXCEL 软件，文件扩展名选择所有文件，选择分隔符为逗号，并打开文件，即可使用数据。

(9)关闭仪器。按"ESCAPE"按钮退回到主菜单下，叶室留一点缝隙，关闭主机。然后，取出电池充电。注意：如果使用中电力不足，仪器会出现声音提示和文字提示，这时需更换电池。更换电池时，应先将一只电池换好，然后再换另一只电池。

使用 LI-6400 便携式光合仪的注意事项如下：

①一旦部分干燥剂颜色发红，需要立即更换。

②阳光下需将荧光屏遮盖，否则会影响其寿命。

③注意仪器保养，轻拿轻放，信号线尽量保持伸展，勿扭曲，否则易使接口不牢，线头从接口处滑出。

④测量时若显示"IRGA not ready"，此时需检查探头各处是否接牢。

2.8　郁闭度测定仪

使用郁闭度测定仪(见图 2-23)时,要在林分中设计测量郁闭度的样点数及位置。观测者站立在样点位置,手持平衡球外侧弧形托架,使观测窗基本与眼等高,依靠平衡球及其下部重量使观测管垂直。待系统稳定后,眼睛观察反光镜中遮盖树冠的小圆孔数量,小圆孔区域一半以上被树冠遮盖计 1,否则计 0(共有 5 个小圆孔,熟练后可一次读出被树冠遮盖的小圆孔数量并进行记录)。被遮盖小圆孔数量除以样点数乘以 5 即可得到郁闭度。

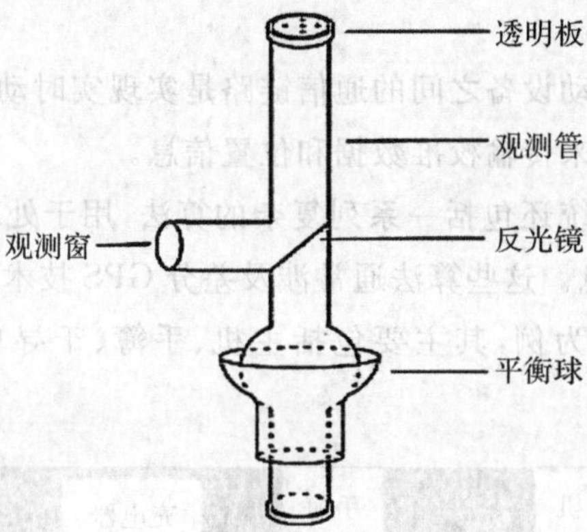

图 2-23　郁闭度测试仪示意图

注意,观测时手要保持稳定,观测窗基本与眼等高。观测管垂直并稳定后进行读数。观测管尽量加长且 5 个小圆孔靠近中心,使其更接近于垂直投影效果。

2.9　RTK 系统使用

2.9.1　RTK 系统简要介绍

在 GPS(全球定位系统)测量中,如静态、快速静态、动态测量都需要事后进行解算才能获得厘米级的精度,而实时动态定位(RTK)技术是一种能够在野外实时得到厘米级定位精度的测量方法,它的出现极大地提高了野外作业效率。

RTK 测量技术,是以载波相位测量为依据的实时差分 GPS 技术,是测量技术发展里程中的一个突破。它由基准站接收机、数据链、流动站接收机三部分组成。RTK 测量技术原理:在基准站上安置 1 台接收机为参考站,对卫星进行连续观测,并将其观测数据和测站信息,通过无线电传输设备,实时地发送给流动站,流动站 GPS 接收机在接收 GPS 卫星信号的同时,通过无线接收设备,接收基准站传输的数据,然后根据相对定位的原理,实时解算出流动站的三维坐标及其精度(即基准站和流动站坐标差 ΔX、ΔY、ΔH,加上基准坐标得到每个点的 WGS-84 坐标,通过坐标转换参数得出流动站每个点的平面坐标 X、Y 和高程 H)。

2.9.2 RTK 系统的组成部分

下面以千寻位置 RTK 系统为例进行介绍，其通常由以下几个主要组成部分构成。

(1)基站：RTK 系统中的基站是一个固定在已知位置的设备，用于发送校准信号给移动设备，以提供高精度的定位信息。基站通常安装在已知坐标的地面位置上。

(2)移动设备：移动设备是携带在人或车辆上的设备，用于接收基站发送的信号，并利用这些信号进行实时动态定位。移动设备可以是 GPS 接收器或其他定位设备。

(3)卫星信号：RTK 系统还依赖于卫星信号，包括 GPS、伽利略卫星导航系统等，用于提供初始位置信息和校准数据。

(4)通信链路：基站和移动设备之间的通信链路是实现实时动态定位(RTK)的关键，通常使用无线电或者互联网连接来传输校准数据和位置信息。

(5)RTK 算法：RTK 系统还包括一系列复杂的算法，用于处理基站和移动设备之间的数据，计算出高精度的位置信息。这些算法通常涉及差分 GPS 技术和载波相位测量等。

以千寻位置 RTK 系统为例，其主要包括主机、手簿、千寻单杆、数据线、充电器，如图 2-24所示。

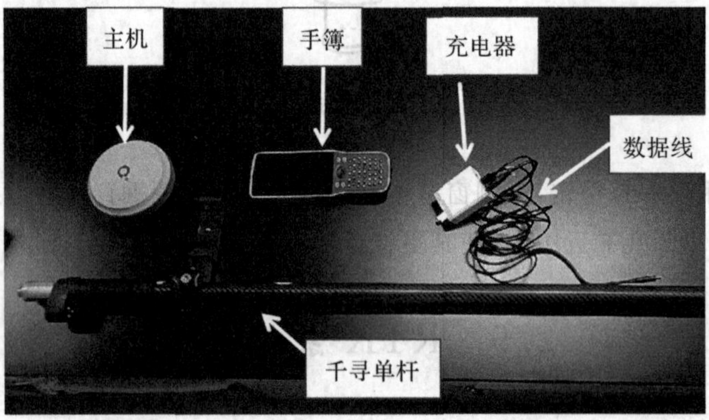

图 2-24 千寻位置 RTK 系统

2.9.3 RTK 系统使用前准备工作

在使用 RTK 系统之前，通常需要进行一些准备工作，以确保系统能够正常运行并提供高精度的定位信息。以下是使用千寻位置 RTK 系统的一般准备工作。

(1)设备检查：确保基站和移动设备处于良好状态，电量充足，无损坏或故障。

(2)基站设置：将基站放置在已知的位置，并确保其能够稳定地接收卫星信号。基站的安装位置应该是稳定的，且要避免干扰信号的障碍物。

(3)卫星信号接收：确保基站和移动设备都能够接收到足够数量的卫星信号，以提供准确的定位信息。并且，在开阔的地区使用 RTK 系统效果更好。

(4)通信链路设置:建立基站和移动设备之间的通信链路,确保数据能够正常传输。通常,使用无线电或互联网连接进行通信。

(5)RTK 系统校准:在开始使用 RTK 系统之前,通常需要进行一次校准过程,以确保系统能够提供高精度的定位信息,这可能涉及差分 GPS 校准或其他校准步骤。

(6)软件设置:确保基站和移动设备上的软件设置正确,包括 RTK 系统的参数设置、坐标系统选择等。

(7)实时监控:在使用过程中,实时监控基站和移动设备的运行状态,确保系统正常工作并能够提供准确的定位信息。

2.9.4　RTK 系统组装

(1)将主机与单杆通过孔位固定,如图 2-25 所示。

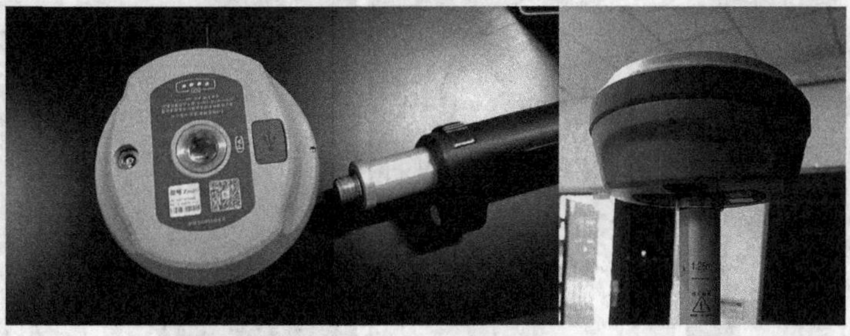

图 2-25　RTK 系统组装(一)

(2)将手簿固定在单杆的卡位上,旋转背后的螺丝固定并粘贴好魔术贴,如图 2-26 所示。

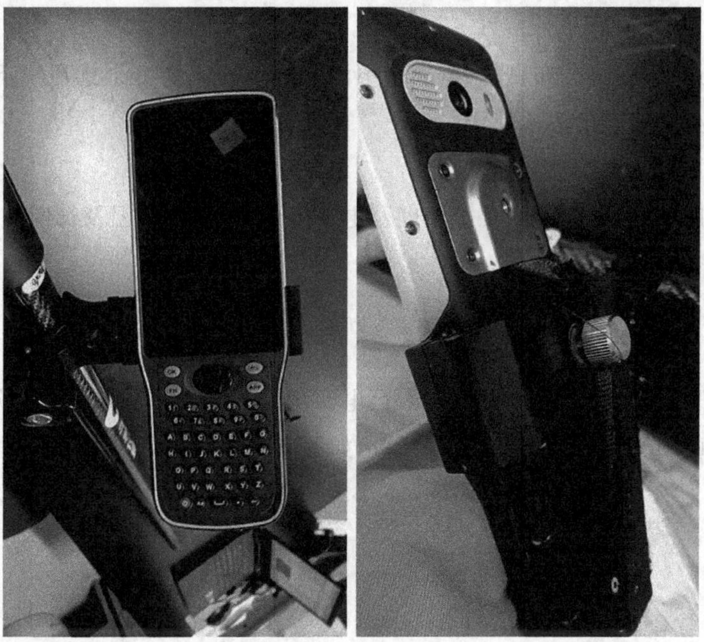

图 2-26　RTK 系统组装(二)

(3)使用时需注意设备保持水平(气泡处于圈中说明水平),指南针用于方向定位,通过单杆按钮手动将主机升高,至此,RTK 系统安装完成,如图 2 - 27 所示。

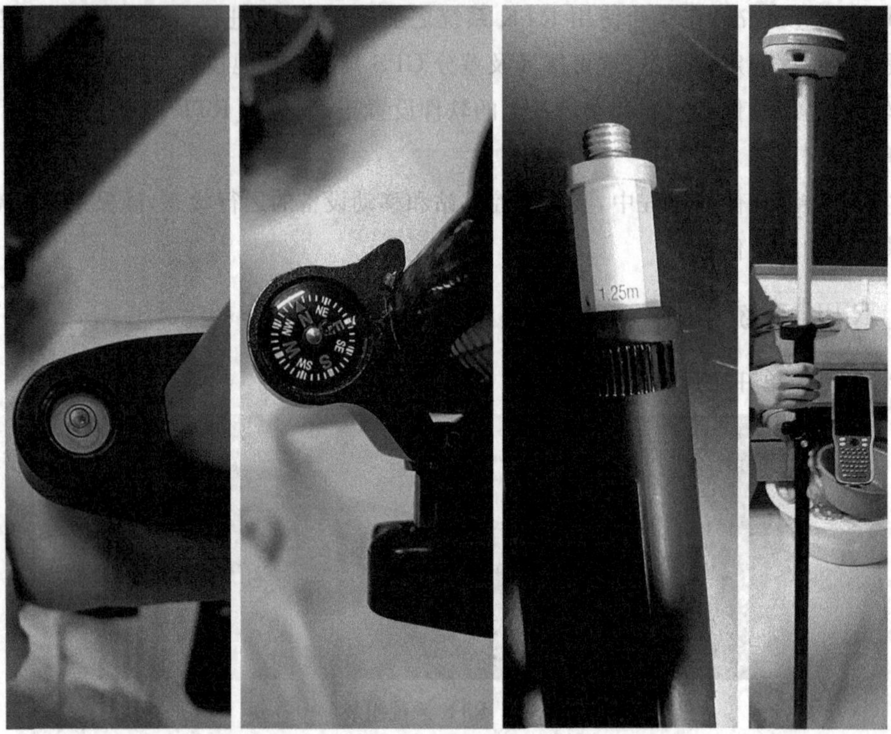

图 2 - 27　RTK 系统安装完成

注意事项:

①在开阔无遮挡、卫星分布良好、电离层不活跃及没有无线电干扰环境下,严格按照该类设备观测和数据处理规程的方法使用。

②强烈震动可能会影响惯导精度。

③电池工作时间受网络环境、工作温度及电池寿命的影响,低温及长期使用后电池供电时间会缩短。

2.9.5　RTK 系统具体放样操作

第一步(开机):拿出移动设备并长按红色电源键开机,开机完成后打开软件(图标蓝色且标有电离层),RTK 长按黑色电源键三秒开机,如图 2 - 28 所示。

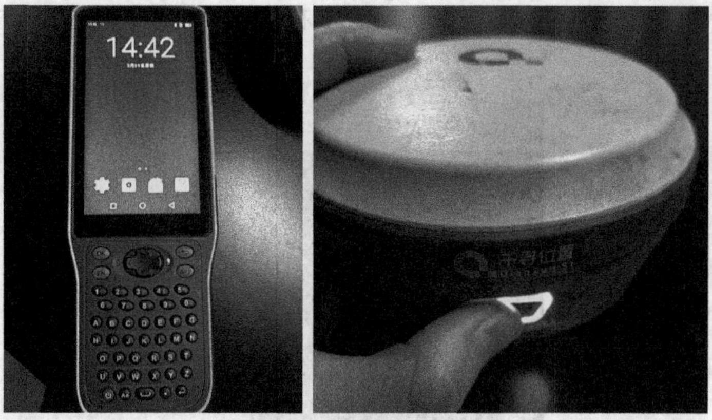

图 2 - 28　开机

第二步：①首先通过 WiFi 连接 RTK 并检查移动端蓝牙、位置是否打开，然后进入上述软件，点击左上角菜单(三条横线)，点击“设备连接”，检查是否连接完成(WiFi 或蓝牙均可)，如图 2 - 29 所示。

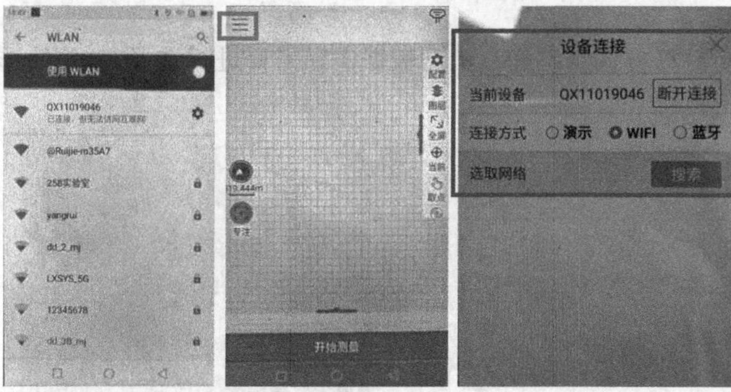

图 2 - 29　检查是否完成连接

②点击“工程”，在“新建工程”中设置样地名称，然后点击“确定”，如图 2 - 30 所示。

图 2 - 30　新建工程

第三步:下滑菜单,点击“样方放样”,然后点击右侧工具栏中的“规划”,进入“样方规划”。如图 2-31 所示。

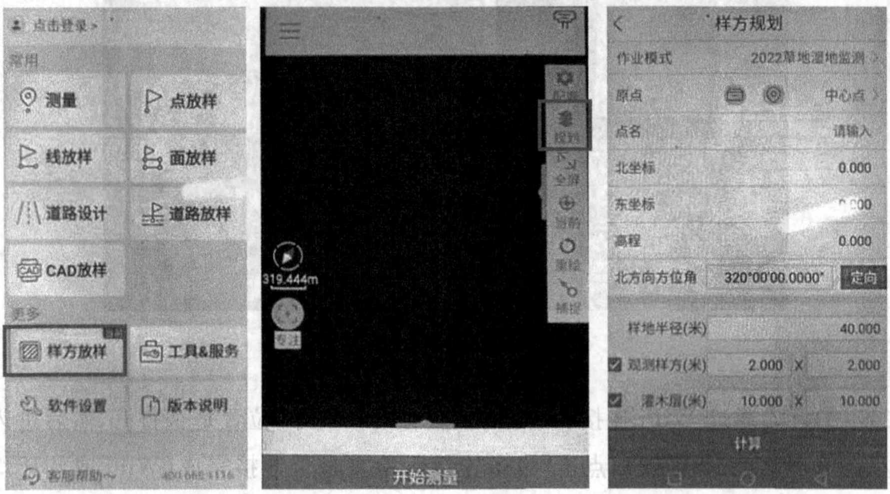

图 2-31 样方规划(一)

①作业模式选择“样方调查”,样方类型根据实际需要进行选择,如此处选择“正方形”。如图 2-32 所示。

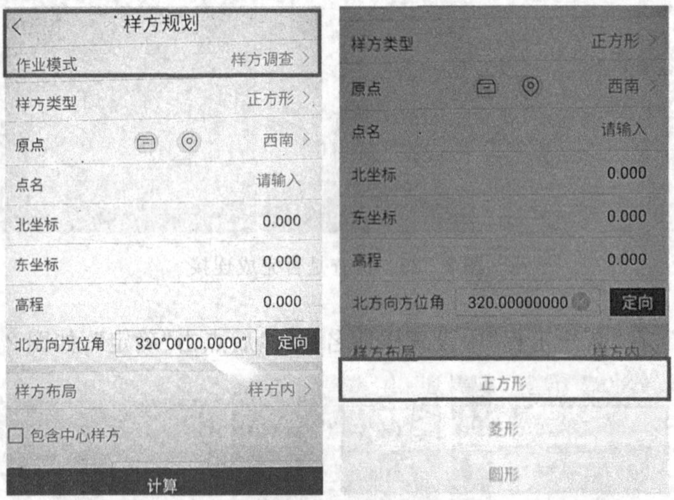

图 2-32 样方规划(二)

②点击原点定位(多点几次定位,定位要准确一些),通过手机指南针等确定样方大致方向,如西南方向就选择西南,东北方向选择东北,以及通过北方向方位角进行方向微调。如图 2-33 所示。

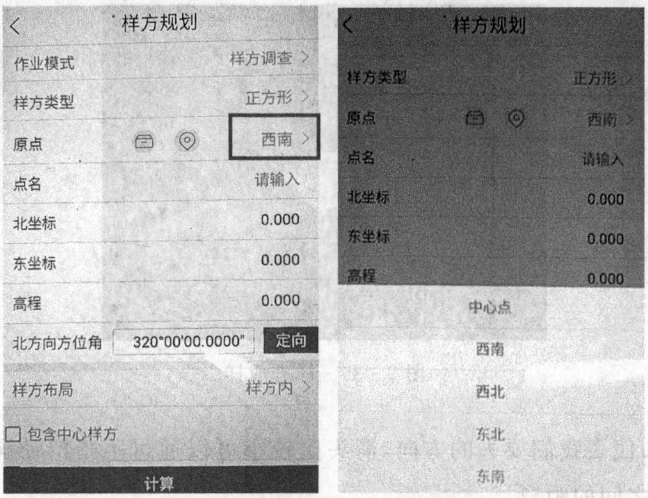

图 2-33　样方规划(三)

③样方布局:首先设置样方区域大小(必选),如 1 亩则设置 25.82×25.82 m,其次设置灌木层尺寸(根据需要设置)、距边界(根据需要设置)、枯落叶尺寸(根据需要设置),最后点击“计算”得出放样点具体坐标。如图 2-34 所示。

图 2-34　样方规划(四)

第四步:样方放样。将移动设备与定位装置组装在测量杆上,点击右侧工具栏的捕捉测量放样点,当出现绿色实心小旗时,说明放样成功。注意,测量时,放样精度需小于 0.05 m 且设备连续发出滴滴三声。如图 2-35 所示。

图 2-35　样方放样

注意：蓝色箭头代表我们要去的方向，箭头比较小可以通过手指滑动屏幕放大，红线代表当前位置与放样点之间的距离。

第五步：放样完成后，可点击初始界面的“测量”选项，检查放样点是否完整，示例如下。

方法一：点击左上角菜单栏（三条横线），选择“测量”，通过右侧工具栏点击“全屏”，检查放样是否完成（绿色实心小旗为放样点）。如图 2-36 所示。

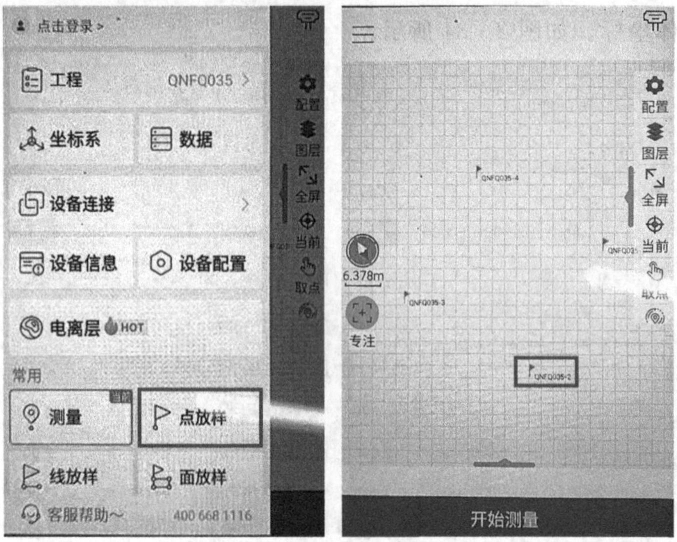

图 2-36　检查放样（一）

方法二：下滑右侧工具栏找到“点库”，通过筛选栏勾选放样点进行检查。如图 2-37、图 2-38所示。

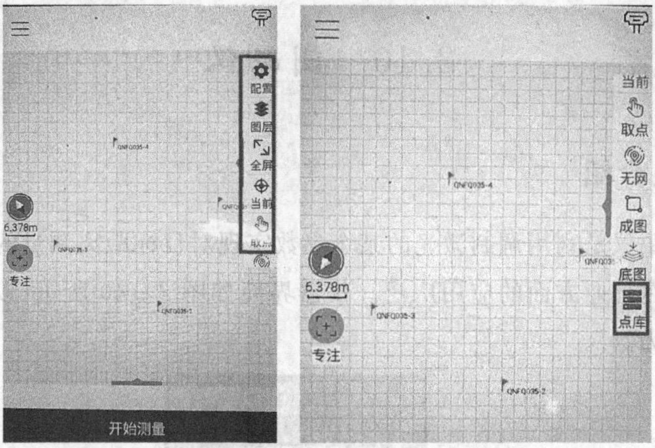

图 2-37 检查放样(二)

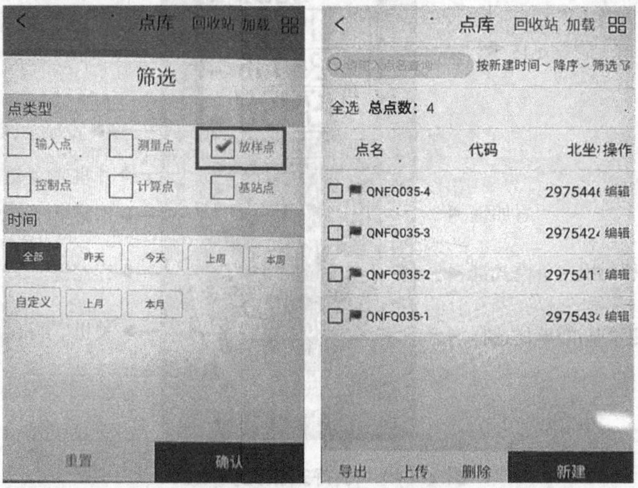

图 2-38 检查放样(三)

RTK 使用完成后依次拆解，小心放入背包放好。如图 2-39 所示。

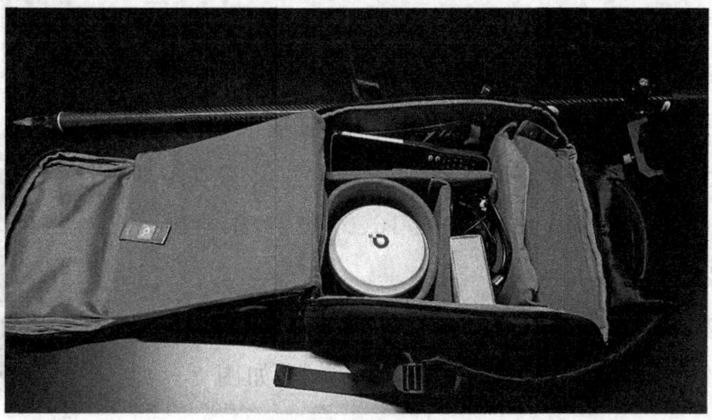

图 2-39 将 RTK 拆解并放好

2.10 测距仪

2.10.1 测距仪介绍

手持式激光测距仪是利用调制激光的某个参数实现对目标距离测量的仪器，其误差小，操作简单，携带方便，在林业方面的应用广泛。仪器界面如图 2－40 所示（以深达威 SW-M50A 手持式激光测距仪为例）。

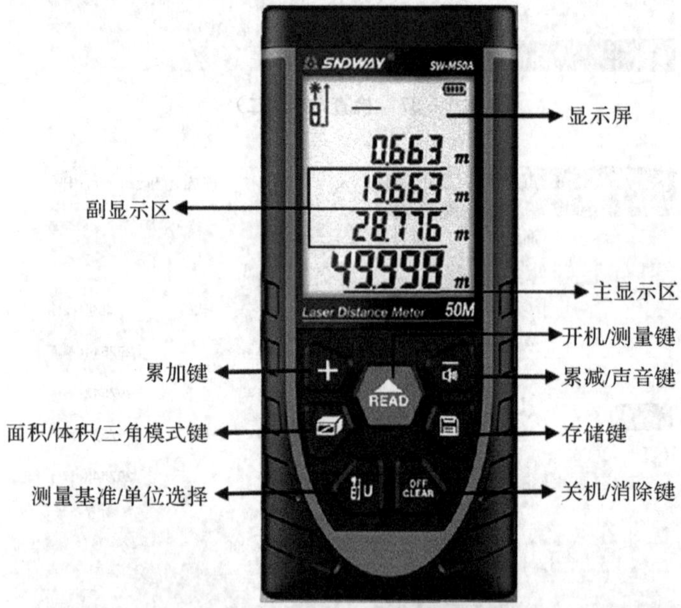

图 2－40　手持式激光测距仪

2.10.2 测距仪使用操作

（1）开机。短按“READ”键，仪器和激光同时启动，可看见测距仪处于待机状态，如图2－41所示。

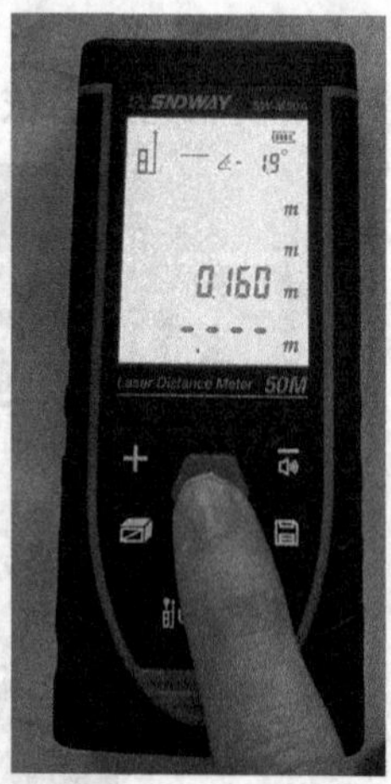

图 2－41　打开测距仪

（2）根据测量要求，选择测量参数。长按“测量基准/单位选择”键，进入测量单位调整状态，可重置当前测量参数，如 0.000 m、0.00 m、0.0 in、01/16 in、0′00″1/16、0.00 ft，本机默认为 0.000 m，如图 2－42 所示。

（3）选择测量基准。短按“测量基准/单位选择”键，设置前端基准和后端基准的相互转换，系统默认为后端基准，如图 2－43 所示。

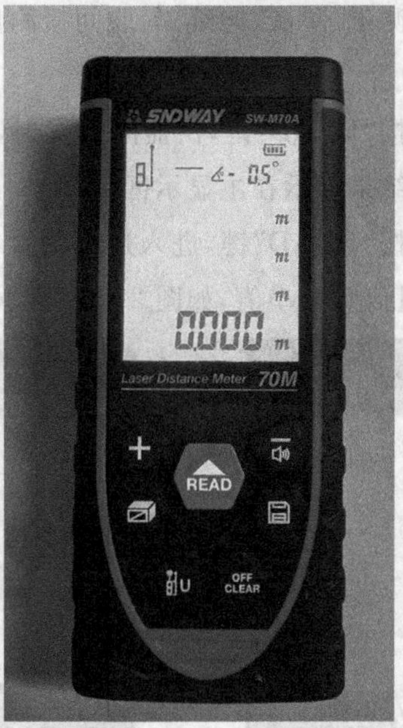

图 2-42　选择单位

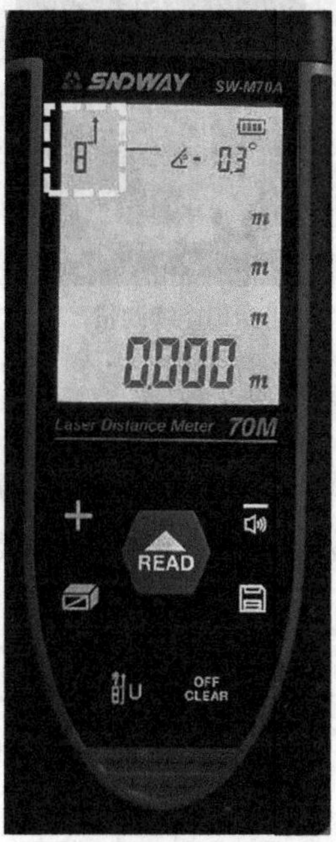

(a)前端基准

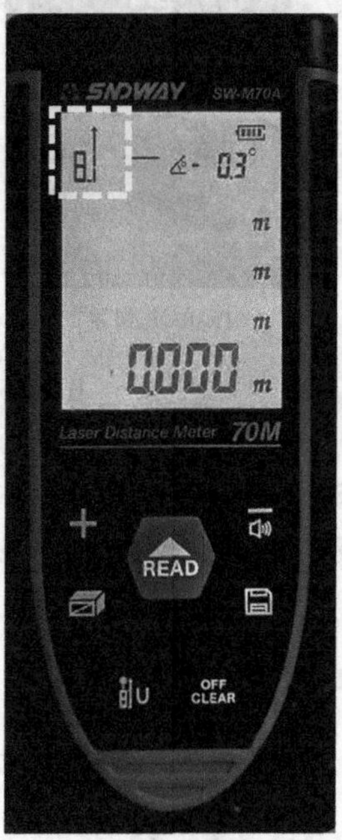

(b)后端基准

图 2-43　设置基准

(4)测量。仪器可选择距离测量(单次、连续、勾股间接测量)、面积测量、体积测量等,本书重点介绍距离测量。

①单次测量:待测模式下短按“READ”键,仪器激光发射,锁定测量点;再短按“READ”键进行单次距离数据的测量,测量结果显示在主显示区。

②连续测量:待测模式下长按“READ”键,进入连续测量模式,屏幕上辅助显示区会显示此次连续测量过程中的最大测量值和最小值,如图 2-44 所示。

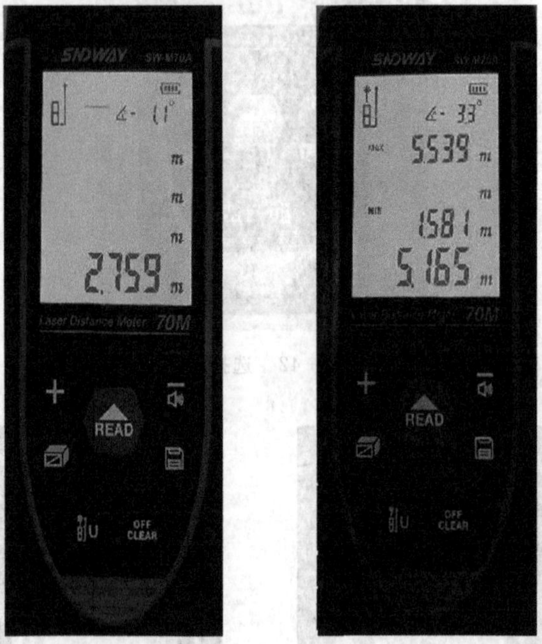

(a)单次测量 (b)连续测量

图 2-44 测量距高

③勾股间接测量:短按“面积/体积/三角模式”键四次,进入三角测角测高模式,再短按“READ”键依屏幕提示先测出虚线斜边的长度(a),同时测出斜边与底边夹角 α,如图2-45 所示。

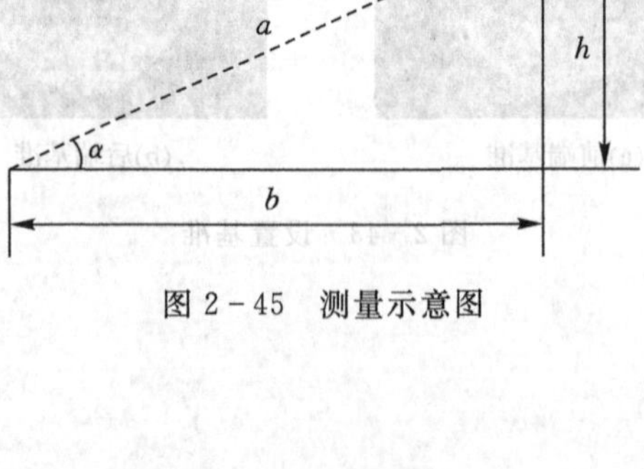

图 2-45 测量示意图

2.11　测树因子分析软件系统

2.11.1　年轮图像分析系统

WinDENDRO 年轮图像分析系统是一款多平台图像分析系统，与扫描仪匹配，专门对盘状的木材截面或柱状的生长锥样本进行树木年轮的测量(见图 2-46)。

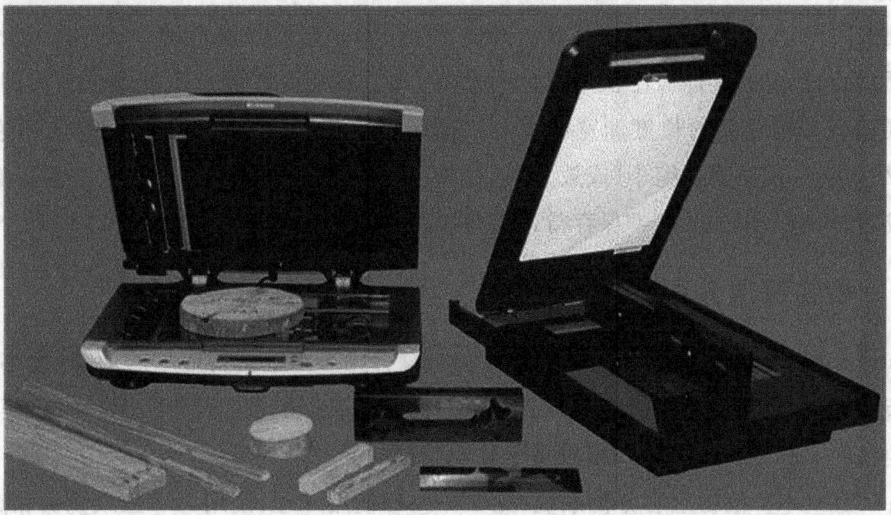

图 2-46　WinDENDRO 年轮图像分析系统

WinDENDRO 年轮图像分析系统具有如下优势：大型木材样本可在不同部位多次分别成像；特殊的树芯定位器用以放置柱状样本；两种自动测定年轮的方法分别适用于不同的树木类型；人工辅助的图像识别校正和遗漏像素添加功能；可利用木材薄片的 X 光胶片扫描进行木材密度测定(密度版)。此外，WinDENDRO 可自动设置裂缝与年轮角度的切线，以保证测量的精准性；同时，附加 XLSTEM 可进行植物的标准生长分析，如茎干平均半径、直径以及总体截面积，树木高度、体积、树龄等。对于所分析的年轮图像可同时显示如下参数：年轮宽度、早材/夏材宽度、年轮最大/最小密度和平均密度、早材/夏材平均密度(高级密度版)等。

WinDENDRO 年轮图像分析系统可以分析树木圆盘，是目前对生活树木研究的一种方法。WinDENDRO 年轮图像分析系统的具体使用过程如下：

(1)野外采集的钻芯样品风干以后，要先固定在有槽沟的木条上，然后用从粗(如 180 号或 220 号)到细(500 号或 600 号)砂纸打磨抛光直到年轮清晰(注意，根据钻芯的直径制作固定木条，木条中央槽沟的宽度与钻芯直径相当，深度不超过钻芯直径的一半，槽沟两边的边缘可以尽量窄，这样既可以保证多个钻芯并排扫描，又可以使扫描生成的图像少占内存空间)。固定时，可以在钻芯两端留 2 cm 左右的空木条，这样可以保证分析时选择的路径终点(或起点)不会太靠近图像边缘，必要时，也可以在其一端贴样品标识。

(2)准备好的钻芯(8 个左右)并排平放在扫描仪水平方向的中央,左边可以与扫描仪的实际扫描边缘对齐,同时测量样品所占的大致长度和宽度值。

(3)对钻芯进行扫描。扫描仪处于工作状态时,打开“WinDENDRO. exe”会首先出现“Selectsource”窗口,选择了扫描仪(“Scanner”),WinDENDRO 才能获取扫描图像,并在命令区域有扫描仪图标。扫描之前,使用菜单命令“Image/Ac-quisition parameters”选择获取图像参数。这里要特别注意“Horizontaloffset”的值,因为 2004 年以前 WinDENDRO 版本的配置文件不会改变其默认值(9.6 cm),值是扫描仪横向边缘与样品横向边缘间的垂直距离,改变该值后直到关闭 WinDENDRO 之前有效。其他参数可以根据需要设定,但一般建议选择扫描灰度图像,因为其形成的文件大小仅为彩色图像的 1/4。在命令区域点击扫描仪图标即可扫描,这时需要输入扫描样品的长度和宽度值。扫描完成后,图像显示在图像区域,点击左下角的“z”(或“Z”)按钮,根据需要缩小(或放大)以检查图像扫描是否完整。扫描完整的图像即可用于分析或用“Image/Saveimage”保存待以后分析。

2.11.2 植物冠层分析系统

WinSCANOPY 植物冠层分析系统可以测量森林生态系统植物冠层的形状(大小及位置、冠层分布)、郁闭度、上下光辐射、太阳辐射通量、测点因数、透光面积和叶面积指数等参数,能够很好地反映森林生物量累积及植被竞争环境资源的能力。

WinSCANOPY 植物冠层分析系统(见图 2-47)使用原理:使用 180°鱼眼镜头和高清晰度数码相机从植物冠层下方或森林地面向上获取植物冠层图像,然后通过处理影像数据文件来获取与冠层结构有关的叶面积指数、光照间隙及间隙分布状况等参数。通过分析辐射数据的相关信息,WinSCANOPY 能够测算出冠层截获的 PAR 以及冠层下方的辐射水平。其软件可以计算辐射指标、冠层指标,并测量站点的光线覆盖状况及直射与漫射光的分布情况(见图 2-48)。

图 2-47 植物冠层分析系统

图 2-48 效果图

WinSCANOPY 植物冠层分析系统的使用方法如下：

第一步：设备的设置。将植物冠层分析仪放在测量站点上；按照设备说明书进行设置，如语言选择、时间设置等。

第二步：连接电脑。将植物冠层分析仪与电脑通过连接线（如 USB）进行连接，并确保设备能够成功连接到电脑。

第三步：打开软件并设置参数。打开植物冠层分析软件，选择合适的参数进行设置，如图像层面分析、数据存储位置、采集模式（自动/手动）等。

第四步：开始测量。点击“开始测量”按钮，进行植物冠层分析。在采集数据的同时，还可以通过软件实时查看相应的检测结果。

第五步：结束测量。当完成了所需的测量时，可以选择结束测量并将数据存储到指定位置。同时，还需注意将设备正确地关闭并存放好。

使用 WinSCANOPY 植物冠层分析系统的注意事项：

(1)测量时，尽量避免建筑物、人行道、道路等。

(2)设备在测量前要进行一定的准备工作，如充电、设置时间等。

(3)在测量过程中，要注意设备的保护，避免摔落、强震等情况。同时也应避免设备长时间暴露在阳光直射下，防止电池、机器发热。

(4)在操作过程中，尽量在原地不要移动设备，以免影响测量数据的准确性。

2.11.3 叶面积分析系统

LA-S 多功能叶面积分析仪是一种在实验室使用的植物图像分析设备。它采用全球统一标准，可精确、快速地测定叶片的叶面积和叶色参数，以及瓜果截面各部分的参数，也可对采摘的植物叶片及其他片状物体进行面积测量，还可进行叶片颜色分析（包括按叶片颜色自动分档查询，用于植物或作物氮肥状态的快速评价）。系统的植物年轮分析模块可用于树木年代学、年轮生态环境变化学、年轮气候学、地理科学、考古学研究。系统的植物根系分析模块可用于洗根后的专业根系分析，可分析根系长度、直径、面积、体积、根尖计数等，其功能强大，操作简单。该仪器综合了植物、农作物在叶面积、病斑面积、虫损叶面积、根系、年轮、叶色、瓜果剖切面，以及棉纤维粗细和长度这八大方面的分析功能，广泛适用于农业、林业、气象等部门。LA-S 多功能叶面积分析仪系统如图 2-49 所示。

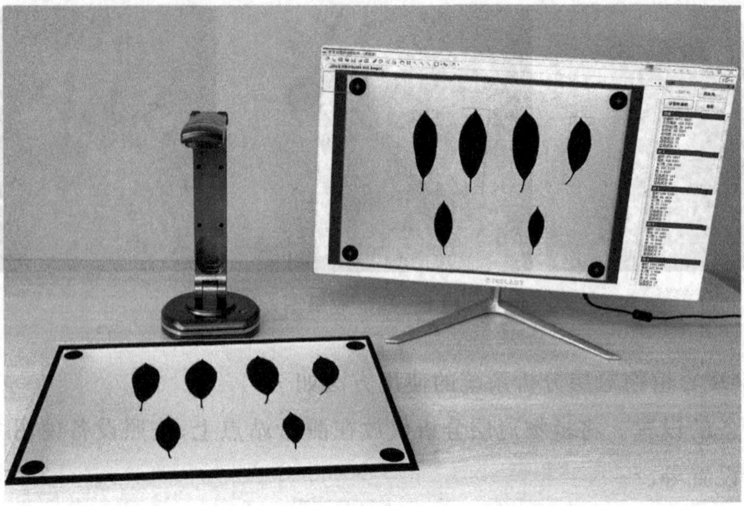

图 2－49　LA-S 多功能叶面积分析仪系统

LA-S 多功能叶面积分析仪的使用方法如下：

(1)系统安装。软件是绿色的，不需要安装：将光盘小心放入光驱中，通过资源管理器将光盘上的整个目录拷贝到本地计算机的 D 盘或 E 盘等数据盘上即可。

(2)扫描仪安装。关于扫描仪的设备驱动程序，请在相应的网站下载其最新的设备驱动程序并进行更新升级。扫描分辨率越高，则成像后的图像越大，扫描时间越长。

(3)在使用本分析系统前，必须保证通过微机能使扫描仪正常工作。这也是明确界定是扫描仪问题、电脑系统问题，还是分析软件系统存在问题的重要判断依据。图 2－50 为野外活体叶成像时用的背光背景板上的移动电源输入输出口位置。

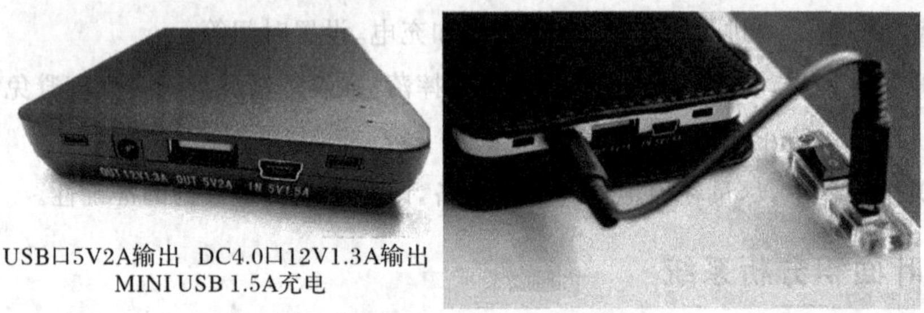

图 2－50　移动电源输入输出口位置

2.11.4　根系分析系统

根和菌根的生长发育是植物生长的关键特性，并影响陆地生态系统和生物地球化学循环过程。观察根系的生长发育对于了解植物在自然生态系统中的表现，以及解释陆地生态系统的水、碳和营养物质的动态迁移过程至关重要，下面我们以 MS-190 原位植物根系分析仪(见图 2－51)为例。

MS-190 原位植物根系分析仪采用经典的微根窗技术，可定点原位观察、研究根和菌根，甚至根瘤的生长、死亡及分布(根系构型)规律。该系统最大的优点是在不干扰根生长过程的前提下，可连续监测单个细根从出生到死亡的变化过程，也能记录细根、根毛乃至根瘤的生长、发育和物候等特征，且结合专业根系分析软件，能够将根系相关指标定量化，包括根的长度、面积、根尖数量、直径、分布格局、活根及死亡根的数量等。

MS-190 原位植物根系分析仪由控制单元、高清成像模块、高清线缆、定位标尺、定位手柄和供电模块组成，该系统能够获取不同季节的根系和根际微生物高清图像，分辨率可达 2500 dpi。仪器结实耐用、轻便易携带，配备有"Smucker"定位手柄用于精准定位，系统适用于水平、垂直或倾斜安装的微根管。系统配套专业图像采集软件，能够快速进行设置、图像采集以及 ICAP 命名。系统可根据微根管直径调整成像面积，且软件具有非线性校准功能，可消除微根管的曲面效应。

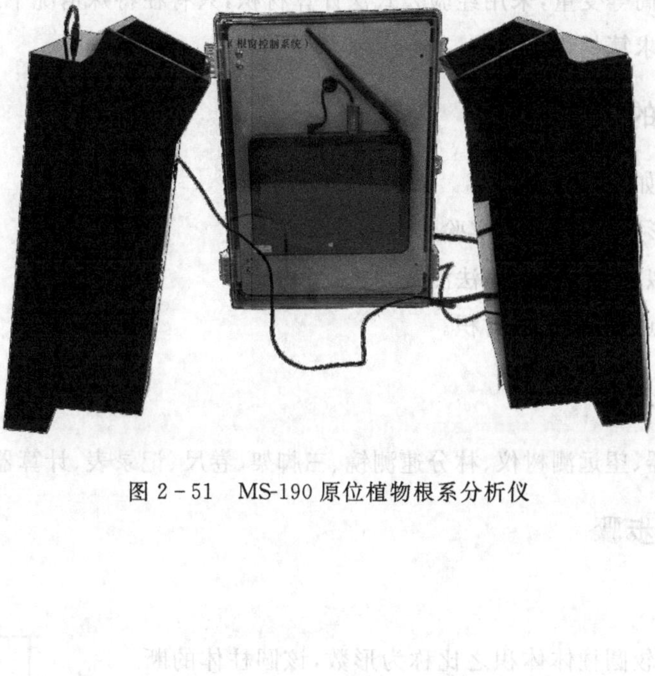

图 2－51　MS-190 原位植物根系分析仪

第3章 林木个体的测定技术方法

3.1 单株立木材积的测定

生长着的树木称为立木(活立木),立木材积是指根颈(伐根)以上树干的体积,记为V。在立木状态下,通常是基于立木材积三要素(胸高形数、胸高断面积、树高)计算材积。一般是测定胸径或胸径和树高等变量,采用经验公式法计算材积,只有在特殊情况下才增加测定一个或几个上部直径精确求算材积。

3.1.1 学习目的

本节学习目的如下:

(1)掌握胸高形数、正形数及实验形数的计算方法。

(2)掌握用近似求积法和望高法测定立木材积。

(3)了解用形点法测定立木材积。

3.1.2 仪器及用具

胸径尺、测高器、望远测树仪、林分速测镜、三脚架、卷尺、记录表、计算器、记录夹等。

3.1.3 方法与步骤

1. **形数**

树干材积与比较圆柱体体积之比称为形数,该圆柱体的断面为树干上某一固定位置的断面,高度为全树高(见图3-1),其形数的数学表达式为

$$f_x = \frac{V}{V'} = \frac{V}{g_x h} \tag{3-1}$$

式中 V——树干材积;

V'——比较圆柱体体积;

g_x——干高 x 处的横断面积;

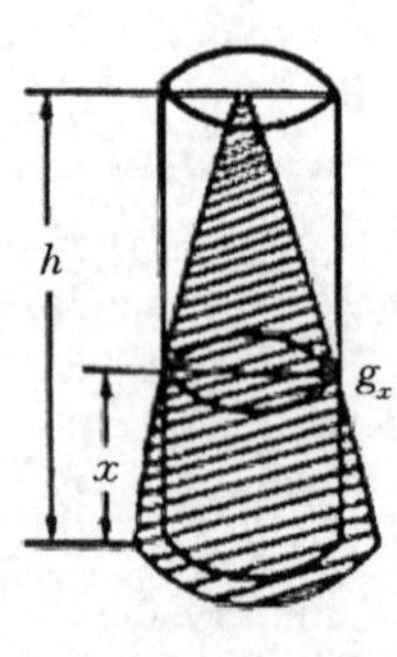

图3-1 树干与比较圆柱体

f_x——以干高 x 处断面为基础的形数；

h——全树高。

形数主要有以下几种：胸高形数、正形数和实验形数。

(1)胸高形数。胸高形数是以胸高断面为比较圆柱体的横断面的形数，以 $f_{1.3}$ 表示，其表达式为

$$f_{1.3} = \frac{V}{g_{1.3}h} = \frac{V}{\frac{\pi}{4}d_{1.3}^2 h} \tag{3-2}$$

从式(3－2)可知，当胸高或树高一定时，饱满树干的材积与比较圆柱体的体积相差较小，其形数值较大；反之，尖削树干的材积较小，形数值亦小。形数仅说明相当于比较圆柱体体积的成数，不能具体反映树干的形状。

(2)正形数。西马林首创提出正形数(标准形数、真形数、相对形数)，借以克服胸高形数随树高而变化的缺点。正形数的定义为以树干材积与树干某一相对高(如 0.1 h)处的比较圆柱体的体积之比，记为 f_n，即

$$f_n = \frac{V}{g_n h} \tag{3-3}$$

式中 f_n——树干在相对高 nh 处的正形数；

g_n——树干在相对高 nh 处的横断面积；

n——小于1的正数，以 nh 表示这一相对位置。

正形数只与形状指数(r)有关，而与树高无关。这就克服了胸高形数随树高而变化的缺点。由于正形数只与形状指数(r)有关，故能较好地反映不同的干形。例如，当 $r=1$、2 及 3 时，其正形数分别为 0.556、0.412 及 0.343，为常数。但正形数要求量测立木相对高处的直径，实践上有困难，所以生产中没有应用。然而，它对于干形的研究具有一定的价值。

(3)实验形数。林昌庚在 1961 年提出，将实验形数作为一种干形指标。实验形数的比较圆柱体的横断面为胸高断面，其高度为树高(h)加 3 m，记为 f_∂。按照形数一般定义，其表达式为

$$f_\partial = \frac{V}{g_{1.3}(h+3)} \tag{3-4}$$

式中 f_∂——实验形数；

V——树干材积；

$g_{1.3}$——干高 1.3 m 处的横断面积；

h——全树高。

实验形数是为了汲取胸高形数的量测方便和正形数不受树高影响这两方面的优点而设计的，是一个能够较好地反映乔木树种的平均干形指标。

2. 近似求积法

树干材积与比较圆柱体体积之比称为形数，该柱体的断面为树干上某一固定位置的断面，高度为全树高，其形数的数学表达式为

$$f_x = \frac{V}{V'} = \frac{V}{g_x h} \tag{3-5}$$

式中 V——树干材积；

V'——比较圆柱体体积；

g_x——干高 x 处的横断面积；

f_x——以干高 x 处断面为基础的形数；

h——全树高。

(1)胸高形数法。

利用胸高形数($f_{1.3}$)估测立木材积时，除测定立木胸径和树高外，一般还要测定树干中央直径($d_{\frac{1}{2}}$)，计算出胸高形率(q_2)，并利用胸高形数($f_{1.3}$)与胸高形率(q_2)的关系，计算出相应的胸高形数($f_{1.3}$)，然后利用式(3-6)计算出立木树干材积值。

$$V = f_{1.3}\, g_{1.3} h \tag{3-6}$$

(2)平均实验形数法。

采用平均实验形数法测算立木材积时，测得立木胸径和树高后，根据我国主要乔木树种平均实验形数表(见表3-1)确定其平均实验形数，按式(3-7)求算出立木的树干材积。

$$V = g_{1.3}(h+3) f_\vartheta \tag{3-7}$$

表3-1 主要乔木树种平均实验形数表

干形级	树种	平均实验形数	适用树种
Ⅰ	针叶树	0.45	云南杉；冷杉及一般强耐阴针叶树种
Ⅱ		0.43	实生杉木；云杉及一般耐阴针叶树种
Ⅲ		0.41	杉木(不分起源)、红松、华山松、黄山松及一般中性针叶树种
Ⅳ		0.41	插条杉木、天山云杉、柳杉、兴安岭落叶松、新疆落叶松、樟子松、赤松、黑松、油松及一般喜光针叶树种
Ⅴ	阔叶树	0.40	杨、桦、柳、报、水曲柳、紫古栎、栎、青冈、刺槐、榆、樟、桉及其他一般阔叶树种，海南、云南等地混交阔叶林
Ⅵ	针叶树	0.39	马尾松及一般强喜光针叶树种

(3)实验正形数法。

根据孟宪宇(1996)提出的利用标准直径测定立木材积原理，即

$$V = \frac{\pi}{40000} d_{标}^2 h \tag{3-8}$$

式中　V——立木实际材积值；

$d_{标}$——对应于立木实际材积的圆柱体直径；

h——立木树高。

在对最大供试样木干形分析中发现，各样木的$d_{标}/d_{0.1h}$存在近似等于0.7的恒比关系，$d_{0.1h}$为距树基0.1h处树干直径。根据这一关系，可将式(3-8)变换为

$$V = \frac{\pi}{40000}(0.7)^2 d_{0.1h}^2 h = 0.49 g_{0.1h} h \tag{3-9}$$

式中　0.49——正形数；

h——树高；

$d_{0.1h}$——1/10树高处直径；

$g_{0.1h}$——1/10树高处断面积。

大量试验数据表明，大部分树种的正形数的变动范围为0.47～0.51。利用现代近景影像测量技术或光学测定仪器，可以准确地量测立木树干上任意部位的直径，这为正形数在立木树干材积估测中的直接应用提供了便利条件。

3. 望高法

望高法是德国普雷斯勒(M. R. Pressler，1855)提出的单株立木材积测定法。树干上部直径恰好等于1/2胸径处的部位称为望点，自地面到望点的高度称为望高(见图3-2)，用上部直径测定仪测出胸径和望高(h_g)后，按式(3-10)即可算出树干材积。

$$V = \frac{2}{3} g_{1.3}\left(h_g + \frac{1.3}{2}\right) \tag{3-10}$$

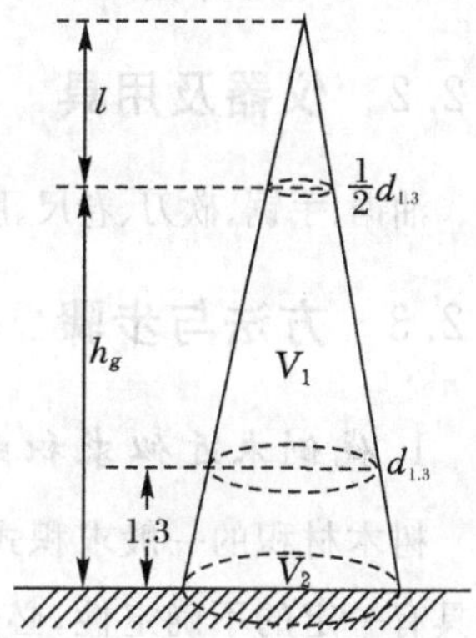

图3-2　望高法示意图

4. 形点法

徐祯祥(1990)依据孔兹(M. Kunze，1873)干曲线式和望高法，提出了形点法，将树干分为胸高以上和胸高以下两部分计算立木材积。胸高以上材积(V_1)和胸高以下材积(V_2)计算式分别如式(3-11)和式(3-12)所示，全树干材积为两部分的材积和。

$$V_1 = \frac{h-1.3}{r+1} g_{1.3} \tag{3-11}$$

$$V_2 = 1.3\, g_{1.3} \tag{3-12}$$

式中　h——全树高；

$g_{1.3}$——胸高断面积；

r——干形指数。

3.2 伐倒木材积的测定

立木伐倒后打去枝丫所剩余的主干称为伐倒木，其体积为伐倒木材积。伐倒木材积不仅能够用来推算林分蓄积量及生物量，而且在研究物质循环和能量流动、碳循环和气候变化影响与适应中具有重要意义。此外，在一些林业行政案件或刑事案件中，常因盗伐、滥伐造成林木被破坏，为使案件有可靠的处罚和量刑依据，伐倒木材积的测定就成为非常必要的工作。这项工作的质量高低直接影响到案件处理是否客观公正，故涉案材积测定要慎之又慎，特殊情况下还必须采用非常规材积测定方法。

3.2.1 学习目的

本节学习目的如下：

(1)掌握伐倒木近似求积式(平均断面积近似求积式、中央断面积近似求积式、牛顿近似求积式)计算方法。

(2)掌握伐倒木区分求积式(中央断面积区分求积式、平均断面积区分求积式)计算方法。

(3)了解计算伐倒木材积不同方法的特点。

3.2.2 仪器及用具

油锯、手锯、砍刀、卷尺、胸径尺、米尺、文件夹、计算器、统计表格等，或利用已有的伐倒木数据。

3.2.3 方法与步骤

1. 伐倒木近似求积式

树木材积的一般求积式是由孔兹方程导出的，且对于具体树干形状，孔兹方程中的干形指数具有一定的不确定性，必然导致一般求积式的不确定性。这种不确定性使得一般求积式在实际树干求积中受到限制，为此需要导出树干的近似求积公式。

(1)平均断面积近似求积式。

平均断面积近似求积式由西马林(H. L. Simalian)于 1806 年提出，又称西马林公式，一般用于截顶体木段。它是将树干当作截顶抛物线体的条件下，由一般求积式推导而得出，其表达式为

$$V=\frac{1}{2}(g_0+g_n)L=\frac{\pi}{4}\left(\frac{d_0^2+d_n^2}{2}\right)L \tag{3-13}$$

式中 d_n——树干的小头直径；

d_0——树干的大头直径；

L——树干长度；

g_n——树干的小头断面积；

g_0——树干的大头断面积；

V——树干材积。

平均断面积近似求积示意图如图 3-3 所示。

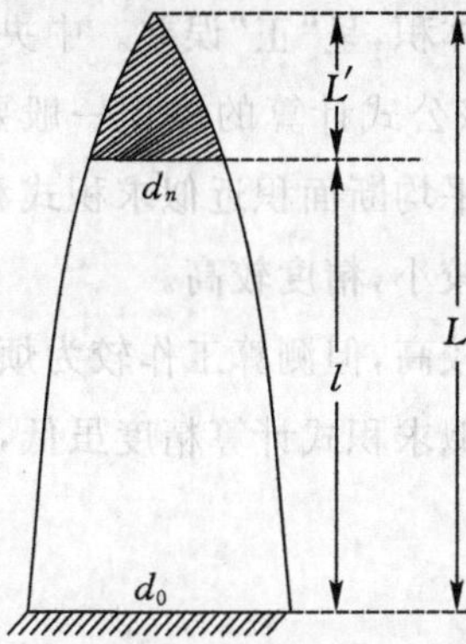

图 3-3　平均断面积近似求积示意

(2)中央断面积近似求积式。

中央断面积近似求积式由胡伯尔(B. Huber)1825 年提出，又称胡伯尔公式。其表达式为

$$V = g_{\frac{1}{2}} L = \frac{\pi}{4} d_{\frac{1}{2}}^2 L \tag{3-14}$$

式中　$d_{\frac{1}{2}}$——树干中央直径；

$g_{\frac{1}{2}}$——树干中央断面积；

L——树干长度；

V——树干材积。

(3)牛顿近似求积式。

牛顿近似求积式由里克(P. V. Riecke)于 1849 年引入测树学，故又称里克式。此式可看作平均断面积近似求积公式和中央断面积近似求积公式的平均式，其表达式为

$$V = \frac{1}{3}\left(\frac{g_0 + g_n}{2} L + 2\, g_{\frac{1}{2}} L\right) = \frac{1}{6}(g_0 + 4 g_{\frac{1}{2}} + g_n) L \tag{3-15}$$

式中　$g_{\frac{1}{2}}$——树干中央断面积；

g_n——树干的小头断面积；

g_0——树干的大头断面积；

L——树干长度；

V——树干材积。

(4)伐倒木近似求积式精度比较。

根据 3 种近似求积式用于截顶体材积计算的精度验证结果，用中央断面积近似求积式求出的材积，常出现负误差；用平均断面积近似求积式求出的材积，常出现正误差。以误差百分率对比看，牛顿近似求积式误差最小，中央断面积近似求积式次之，平均断面积近似求积式误差最大。

从理论上分析，平均断面积近似求积式和中央断面积近似求积式均是在假设树干干形为抛物线体的条件下导出的，故对圆柱体和抛物线体不产生误差。对于圆锥体和凹曲线体，因平均断面积近似求积式取上底和下底两个节点用抛物线拟合树干纵断面形状，故该公式计算的体积一般要大于实际纵断面包含的体积，呈“正”误差。中央断面积近似求积式正好相反，仅取中央节点拟合树干纵断面形状，故该公式计算的体积一般要小于实际纵断面包含的体积，呈“负”误差。由于牛顿近似求积式是平均断面积近似求积式和中央断面积近似求积式的加权平均数，正负误差相互抵消，因此误差较小，精度较高。

牛顿近似求积式虽然计算精度较高，但测算工作较为烦琐；中央断面积近似求积式精度中等，但测算工作简易；平均断面积近似求积式计算精度虽低，但它便于测量堆积材，当大头离干基较远时，求积误差会减小。

2. 伐倒木区分求积式

(1)区分求积概念。

当用前述近似求积式来计算树干材积时，是把整个树干或部分树干当作抛物线体来处理，由于干形的多变性，故所得的结果并不是很精确，一般会产生系统偏小或偏大的误差。为了提高木材材积的测算精度，根据树干形状变化的特点，可将树干分成若干等长或不等长的区分段，使各区分段干形更接近于正几何体，然后分别用近似求积式测算各分段材积，再把各分段材积求和即可得全树干材积，该法称为区分求积法。

在树干的区分求积中，梢端不足一个完整区分段的部分视为梢头，用圆锥体公式计算其材积。圆锥体的计算公式为

$$V = \frac{1}{3} g' l' \tag{3-16}$$

式中　g'——梢头底端断面积；

　　l'——梢头长度。

(2)中央断面积区分求积式。

将树干按照一定的长度(通常 1 m 或 2 m)分段，观测每个完整区分段的中央直径和最后不足一个完整区分段的梢头底端直径，如图 3－4 所示。

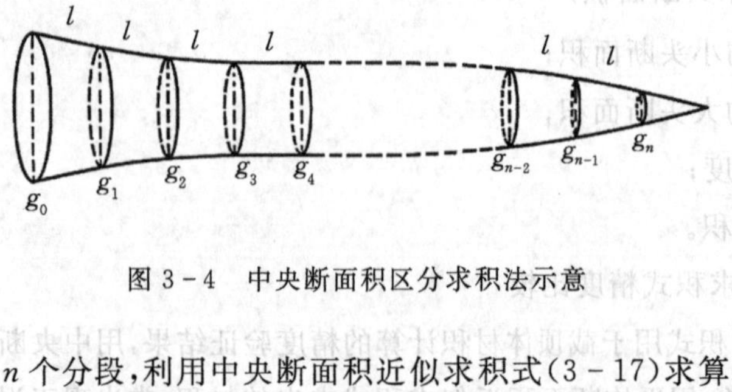

图 3－4　中央断面积区分求积法示意

当把树干区分成 n 个分段，利用中央断面积近似求积式(3－17)求算各分段的材积时，其总材积为

$$V = g_1 l + g_2 l + g_3 l + \cdots + g_n l + \frac{1}{3} g' l' = l\sum_{i=1}^{n} g_i + \frac{1}{3} g' l' \quad (3-17)$$

式中 g_i——第 i 区分段中央断面积；

l——区分段长度；

g'——梢头底端断面积；

l'——梢头长度；

n——区分段个数。

例如，设一树干长 11.1 m，按 2 m 区分段求材积，则每段中央位置分别为离干基 1 m、3 m、5 m、7 m、9 m 处。梢头长度 1.1 m，梢头底断面位置为距干基 10 m 处。各部位直径的量测值见表 3-2。

表 3-2 一株树干的区分量测值(树干全长 11.1 m)

距干基长度/m	直径/cm	断面积/m^2	备注
1	18.0	0.0254	
3	16.0	0.0201	
5	13.2	0.0137	
7	8.8	0.0061	
9	3.6	0.0010	
10(梢底)	2.0	0.0003	梢长 1.1 m

依中央断面积区分求积式可得此树干材积为

$V=(0.0254+0.0201+0.0137+0.0061+0.0010)\times2+1/3\times0.0003\times1.1=0.1327(m^3)$

在实际工作中，也可将树干区分成不等长度的区分段，量测出各区分段的中央直径和梢头底直径，然后利用式(3-17)计算该树干总材积。

(3)平均断面积区分求积式。

根据平均断面积近似求积式，按上述同样的原理和方法，可以推导出平均断面积区分求积式为

$$V = \left[\frac{1}{2}(g_0 + g_n) + \sum_{i=1}^{n-1} g_i\right] l + \frac{1}{3} g_n l' \quad (3-18)$$

式中 g_0——树干底端断面积；

g_n——梢头底端断面积；

g_i——各区分段之间的断面积；

l——完整区分段的长度；

l'——梢头长度。

(4)区分求积式的精度。

根据阿努钦著《测树学》时引用苏联彼尔姆国立农学院对 17 株白桦、15 株松树和 3 株橡树的试验结果，不同区分求积的误差见表 3－3。

表 3－3 不同区分求积计算树干材积的误差

公式	总材积误差		
	17 株白桦	15 株松树	3 株橡树
中央断面积区分求积式	－0.9％	－1.2％	1.9％
平均断面积区分求积式	0.8％	0.3％	0.2％

可见，中央断面积区分求积式多为“负”误差，平均断面积区分求积式是“正”误差。在同一树干上，某个区分求积式的精度主要取决于分段个数的多少，段数越多，则精度越高。那么，究竟多少段合适？以中央断面积近似求积式为例，此式对抛物体不产生误差，而对圆锥体和凹曲线体将会产生较大的误差。但如采用区分求积法，则误差将会随区分段个数的增加而减小。

3.3 树木生长量测定

3.3.1 树木生长量的概念

一定间隔期内树木各种调查因子所发生的变化称为生长，变化的量称为生长量。生长量是时间(t)的函数，以年为时间的单位。如红松在 150 年和 160 年时测定树高(h)分别为 20.9 m和 22.0 m，则 10 年间树高生长量为 1.1 m。

影响树木生长的因子：树种的生物学特性、树木的年龄、环境条件和人为经营措施等。生长量可以作为评定立地条件好坏及经营措施效果的指标。收集生长量数据，可以正确地分析研究并掌握林木的生长规律，且采用相应的经营管理措施，可以改善树木的生长状况，提高生长量，从而达到速生、优质、高产的目的。

树木的生长是一个不可逆的过程，其生长特点比较明显。树木生长量的大小及生长速率，一方面受树木本身遗传因素的影响，另一方面受外界环境条件的影响。

3.3.2 树木年龄测定

1. 年轮的形成和变异

1)年轮的形成

年轮是树木形成层受外界季节变化影响产生周期性生长的结果。在温带和寒温带，大多数树木的形成层在生长季节(春、夏季)向内侧分化的次生木质部细胞，具有细胞壁薄、体积大、颜色浅等特点，这就是早材，它的宽度占整个年轮宽度的主要部分；而在秋、冬季，形成层的增生逐渐缓慢或趋于停止，使在生长层外侧部分的细胞小，木质颜色比内侧显著加深，这就形成了晚材(秋材)。晚材与下一年生长的早材之间有明显界限，这就是通常划分年轮的界限。所以，年轮是树干横断面上由早材和晚材构成的同心“环带”。

2)年轮的变异

常遇到的年轮变异有以下几种：伪年轮或多层轮；断轮；年轮消失；年轮界限模糊不清。

伪年轮的一般特征：

①宽度比正常年轮小；

②通常不会形成完整的闭合环，而且有部分重合现象；

③外侧轮廓不明显。

2.树木年龄的测定方法

树木年龄的测定方法有以下五种。

1)年轮法

年轮法是一种通过分析树木年轮来判断树木生长年龄、生长速率以及环境变化历史的方法。这种技术涉及观察树木横截面上的年轮，每一轮代表了一年的生长周期。年轮的形成受到气候变化和环境条件的影响，因此年轮法也可用于研究古气候学和环境变迁。在实践中，我们可通过手动计数以及仪器扫描对年轮进行统计，进而分析树木年龄。

2)生长锥测定法

生长锥测定法(也称为树轮法或树轮年代学)是通过分析树木的年轮来确定树木的年龄和生长历史。树木在每年的生长季节中，因气候条件的变化(如温度、降水量等)，会形成不同宽度和颜色的年轮。春季生长的细胞较大且颜色较浅，而秋季生长的细胞较小且颜色较深，这种交替形成的环状结构使得年轮成为树木生长的记录。

生长锥测定法的步骤如下：

(1)选择树木：选择需要测定年龄的树木，通常选择健康且生长良好的树木。

(2)取样：使用专用的取样工具(如树轮取样器)在树干的横截面上取出一小块木材样本，尽量避免对树木造成过大伤害。

(3)观察年轮：将取出的样本进行切割和打磨，以便清晰观察年轮的结构，此时可以使用放大镜或显微镜来帮助观察。

(4)计数年轮：从树木的中心向外逐圈计数年轮的数量，每一圈代表一年的生长。年轮的数量即为树木的年龄。

(5)分析年轮宽度：记录每个年轮的宽度，宽度的变化可以反映出当年的气候条件。例如，宽年轮通常表示生长条件良好，而窄年轮则可能表示干旱或其他不利条件。

(6)数据记录与分析：将年轮的数量和宽度数据记录下来，进行统计分析，以研究树木的生长历史和环境变化。

3)查数侧枝法

查数侧枝法是一种通过观察树木侧枝的生长情况来推测树木年龄的方法。树木的侧枝通常在特定的生长条件下形成,侧枝的数量和生长模式可以反映树木的生长历史和环境变化。同时,每年春季和秋季的气候条件会影响侧枝的生长,进而影响树木的整体生长模式。

查数侧枝法的步骤如下:

(1)选择树木:选择需要测定年龄的树木,通常选择健康且生长良好的树木。

(2)观察侧枝:在树木的主干上找到明显的侧枝,记录侧枝的数量和生长情况。侧枝通常在树木的特定高度上生长。

(3)计数侧枝:从树木的底部向上逐层计数侧枝的数量。每一层的侧枝数量可以代表树木在不同生长阶段的生长情况。

(4)分析生长模式:根据侧枝的数量和生长情况,分析树木的生长历史。侧枝的生长情况可以反映出当年的气候条件,例如,良好的生长条件下侧枝数量较多,而不利条件下侧枝数量较少。

(5)数据记录与分析:将侧枝的数量和生长数据记录下来,进行统计分析,以研究树木的生长历史和环境变化。

4)查阅造林技术档案或访问的方法

查阅造林技术档案或访问的方法主要依赖于对树木生长记录的系统性分析。这种方法通常结合历史数据、树木生长环境的记录以及树木的生长特征,来推测树木的年龄。通过查阅相关的造林档案,我们可以获得树木的种植时间、管理记录以及生长条件等信息,从而更准确地判断树木的年龄。

5)目测法

目测法是一种通过观察树木的外部特征(如树干直径、树高、树冠形状等)来估算树木年龄的方法。虽然这种方法不如年轮法精确,但在没有其他工具或数据的情况下,目测法可以提供一个大致的年龄估算。树木的生长速度与其生长环境、气候条件以及树种特性密切相关,因此,通过观察这些特征,可以大致推测出树木的年龄。

3.3.3 树木生长率

1. 生长率

生长率是树木某调查因子的连年生长量占其总生长量的百分比。生长率是说明树木相对生长速度的指标,即

$$P(t)=\frac{Z(t)}{y(t)}\times 100\% \tag{3-19}$$

式中 $Z(t)$——某调查因子连年生长量;

$y(t)$——树木总生长量;

$P(t)$——树木在年龄 t 时的生长率。

显然，当 $y(t)$ 为"S"形曲线时，$P(t)$ 是关于 t 的单调递减函数。由于生长率是说明树木生长过程中某一期间的相对速率，所以可用于对同一树种在不同立地条件下或不同树种在相同立地条件下生长速率的比较及未来生长量的预估等，这比用绝对值的效果要好得多。

2.各种生长率计算方法

1)普雷斯勒生长率公式

普雷斯勒以某一段时间的定期平均生长量代替连年生长量，即

$$Z(t)=\frac{\Delta y}{\Delta t}=\frac{y_t-y_{t-n}}{n} \tag{3-20}$$

以调查初期的量(y_{t-n})与调查末期的量(y_t)的平均值为原有总量(y)，则普雷斯勒生长率计算式为

$$P(t)=\frac{y_t-y_{t-n}}{y_t+y_{t-n}}\times\frac{200}{n} \tag{3-21}$$

森林资源档案小班蓄积量数据的更新，是靠生长率计算实现的。在我国林业工作中，均利用该式计算树木直径、树高及材积等因子的生长率。

2)施耐德材积生长率公式

施耐德(Schneider，1853)提出的材积生长率公式为

$$P_V=\frac{k}{nd} \tag{3-22}$$

式中 n——胸高处外侧 1 cm 半径以上的年轮数；

d——现在的去皮胸径；

k——生长系数，生长缓慢时为 400，中庸时为 600，旺盛时为 800。

此式外业操作简单，测定精度又与其他方法相近，到今仍是确定立木生长量最常用的方法之一。

施耐德以现在的胸径及胸径生长量为依据，在林木生长缓慢、中庸和旺盛 3 种情况下，分别取表示树高生长能力的指数 k 等于 0、1 和 2 时，曾经得到胸径生长率 P_D 和材积生长率 P_V 之间的关系，即

$$P_V=(k+2)\,P_D \tag{3-23}$$

据此，对施耐德材积生长率公式作如下推导。按生长率的定义，胸径生长率为

$$P_D=\frac{Z_d}{d}\times 100 \tag{3-24}$$

在式(3-22)中的 n，是胸高外侧半径 1 cm 以上的年轮数，据此可知一个年轮的宽度为 $\frac{1}{n}$，它等于胸高半径的年生长量。因此，胸径最近一年间的生长量为

$$z_d=\frac{2}{n} \tag{3-25}$$

由此可知，$d-\frac{2}{n}$为一年前的胸径值；$d+\frac{2}{n}$为一年后的胸径值。当取一年前和一年后两个胸径的平均数作为求算胸径生长率的基础时，则

$$P_D=\frac{\frac{2}{n}}{\frac{1}{2}\left[\left(d-\frac{2}{n}\right)+\left(d+\frac{2}{n}\right)\right]}\times 100=\frac{200}{nd} \tag{3-26}$$

将上式代入$P_V=(k+2)P_D$中，在不同生长情况下的材积生长率公式为

$$生长缓慢(k=0)，P_V=\frac{400}{nd}$$

$$生长中庸(k=1)，P_V=\frac{600}{nd}$$

$$生长旺盛(k=2)，P_V=\frac{800}{nd}$$

若胸径取去皮胸径，以 k 表示生长系数(400、600、800)，则有式(3-22)。这样在应用上比较方便灵活，并可根据表 3-4 查定 k 值。

表 3-4　k 值查定表

树冠长度占树高比例/%	树高生长					
	停止	缓慢	中庸	良好	优良	旺盛
>50	400	470	530	600	670	730
25～50	400	500	570	630	700	770
<25	400	530	600	670	730	800

3.3.4　伐倒木生长量测定

1. 直径生长量的测定

用生长锥量取 n 个年轮宽度，再乘 2 即为 n 年间的直径生长量。现在的去皮直径减最近 n 年间直径生长量，即为 n 年前的去皮直径。

2. 树高生长量的测定

每个断面上的年轮数表示树高由该断面生长到树顶时所需的年数。因此，测定最近 n 年间的树高生长量时，可在树梢下部(由下向上)寻找年轮数刚好开始等于 n 的断面，量此断面至树梢的长度，即为 n 年间的树高定期生长量。

3. 材积生长量的测定

精确测定伐倒木材积生长量需采用区分求积法。首先，按伐倒木区分求积法测出各区分段测点的带皮和去皮直径、用生长锥或砍缺口等方法量出各测点最近 n 年间的直径生长量，并算出 n 年前的去皮直径，根据前述方法测出 n 年前的树高。其次，根据各区分段现在和 n 年前

的去皮直径以及现在和 n 年前的树高,用区分求积法可求出现在和 n 年前的去皮材积。最后,按照生长量的定义即可计算各种材积生长量。

3.3.5　立木生长量测定

通常是先测定材积生长率,再用式(3-27)计算材积生长量,即

$$Z_V = V P_V \tag{3-27}$$

用施耐德公式确定立木材积生长率的步骤如下:

①测定树木带皮胸径 D 及胸高处的皮厚 B。

②用生长锥或其他方法确定胸高处外侧半径 1 cm 以上的年轮数(n)。

③根据树冠的长度和树高生长状况,用表 3-4 确定生长系数 k。

④计算去皮胸径,$d=D-2B$。

⑤计算材积生长率。

⑥计算材积生长量。

【例 3-1】一株生长中庸的落叶松,冠长百分数大于 50%,带皮胸径 32.2 cm,胸高处的皮厚 1.3 cm,外侧半径 1 cm 以上的年轮数有 9 个,材积为 1.0944 m^3,按式(3-22)计算材积生长率及按式(3-27)计算材积生长量。

因为

$$k=530$$

$$d=32.2-2\times1.3=29.6(\text{cm})$$

$$i=\frac{1}{9}=0.111(\text{cm})$$

则

$$P_V=\frac{530}{9\times29.6}=1.99(\%)$$

或

$$P_V=\frac{530\times0.111}{29.6}=1.99(\%)$$

$$Z_V=1.0944\times1.99\%=0.218(\text{m}^3)$$

3.4　树干解析

将树干截成若干段,在每个横断面上可以根据年轮的宽度确定各年龄(或龄阶)的直径生长量。在纵断面上,根据断面高度以及相邻两个断面上的年轮数之差,可以确定各年龄的树高生长量,从而可进一步算出各龄阶的材积和形数等,也可利用树木年轮和环境因子的关系,进行区域环境历史的重建。这种分析树木生长过程的方法称为树干解析。作为分析对象的树木称为解析木。

3.4.1　学习目的

本节学习目的如下:

(1)掌握树干解析的基本工作程序和计算方法。

(2)进一步理解各种生长量的意义,加深对树木生长过程的认识。

3.4.2 仪器及用具

伐木工具(油锯、手锯)、皮尺、轮尺、粉笔、三角板或直尺、大头针、计算机、方格纸等(不能伐树时,可改成圆盘)。

3.4.3 方法与步骤

树干解析是研究树木生长过程的基本方法,在生产和科研中经常采用。树干解析的工作可分为外业和内业两大部分。

1. **树干解析的外业工作**

1)解析木的选取与生长环境记载

解析木的选取应根据分析生长过程的目的和要求而定。例如,研究树木生长过程时,一般选择生长正常、无病虫害、无断梢的平均木或优势木;研究林木受气象或病虫害等外界危害对树木生长的影响时,则必须选取被害木作为解析木。选取解析木的数量依精度要求而定,一般每块标准地至少要选择一株平均木(平均胸径和平均树高误差在±5%范围内)作树干解析。

在伐倒解析木之前,首先,应记载它所处的立地条件、林分状况、调查因子(所属层次、发育等级等)及与邻近树木的位置关系等,并绘制树冠投影图等;其次,确定根颈的位置,标明胸高位置及树干的南北方向,并分东西、南北两个方向量测冠幅。

2)解析木的伐倒与测定

砍伐前,先选择适当倒向,并作相应的场地清理,以利于伐倒后的量测和锯解工作的进行。然后,从根颈处下锯,伐倒解析木。

解析木伐倒后,先测定胸径、冠长、死枝下高、活枝下高、树干全长,以及全长的1/2、1/4与3/4处的直径,然后打去枝丫,用粉笔在全树干上标出南、北方向。

按伐倒木区分求积的方法,将解析木分段。为计算材积方便起见,可采用平均断面积区分求积法分段,但由于根颈部膨大,第一段取中央断面为宜。

3)区分段长度

在测定树干全长的同时,将树干区分成若干段,分段的长度和区分段个数与伐倒木区分求积法的要求一致,通常采用中央断面积区分求积法在每个区分段的中点位置截取圆盘。在分析树木生长过程中,研究胸高直径的生长过程有着重要的意义,故在胸高处必须截取圆盘。所余不足一个区分段长度的树干为梢头木,在梢头底直径的位置也必须截取圆盘。

当树高在5 m以下时,区分段长为0.5 m;

当树高在5~10 m时,区分段长为1.0 m;

当树高在10 m以上时,区分段长为2.0 m。

下面以 $H=15.8$ m,2 m 长区分段为例说明截取圆盘的部位：

①中央断面积区分求积法(等长区分),共截取 10 个圆盘:0 m,1 m,1.3 m,3 m,5 m,7 m,9 m,11 m,13 m,14 m。

②中央断面积区分求积法(第一段为 2.6 m,其余为 2 m),共截取 9 个圆盘:0 m,1.3 m,3.6 m,5.6 m,7.6 m,9.6 m,11.6 m,13.6 m,14.6 m。

③平均断面积区分求积法(等长区分),共截取 9 个圆盘:0 m,1.3 m,2 m,4 m,6 m,8 m,10 m,12 m,14 m。

4)**截取圆盘及圆盘编号**

截取圆盘时,应注意下述事项：

①截取圆盘时,要尽量与树干垂直,不应偏斜。

②圆盘向地的一面要恰好在各分段的标定位置上,以该面作为工作面,用来查数年轮和量测直径。

③圆盘厚度一般为 2.0～5.0 cm,直径大的可适当加厚。

④锯解时,尽量使断面平滑。

⑤每个圆盘锯下后,应立即在非工作面编号,一般以分数形式表示,分子上标明解析木号,分母上标明圆盘号和断面高度,并标明南、北方向。根颈处的圆盘为“0”号,然后用罗马字母Ⅰ,Ⅱ,…依次向上顺序编号。在“0”号盘上要记载树种、采集地点和日期等(见图 3-5)。

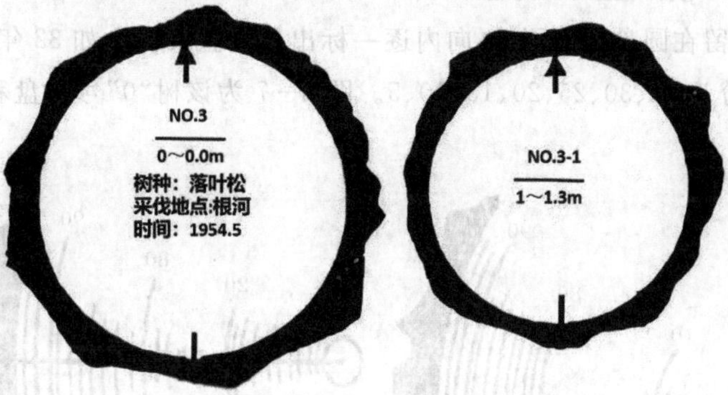

图 3-5　圆盘编号

2. **树干解析的内业工作**

1)**圆盘的加工**

为了准确查数圆盘上的年轮数,须将各号圆盘工作面刨光,然后,通过髓心画出南北和东西两条相互垂直的方向线。

2)**确定树木年龄**

在“0”号圆盘上,分别沿各条半径线查数年轮数,待四条半径线上的年轮数完全一致后,用此确定树木的年龄。如果伐根部位较高,须加上生长达此高度所需的年数。

3)**划分龄阶，测量各龄阶的直径**

(1)按树木的年龄大小、生长速度及分析树木生长的细致程度确定龄阶大小，一般可以定为 3 年、5 年或 10 年。在 0 号盘的两条直线上，由髓心向外按龄阶(3 年、5 年或 10 年等)标出各龄阶的位置，最后如果年轮个数不足一个龄阶的年数时，则作为一个不完整的龄阶(见图 3－6)。

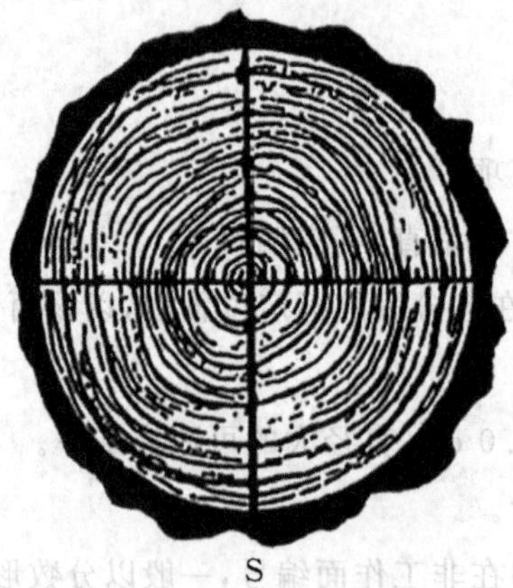

图 3－6　各龄阶的确定

(2)用大头针在其余圆盘的两条直径线上自外向内标出各龄阶的位置，若有不完整龄阶，则先将不完整龄阶留在圆盘最外围，再向内逐一标出各完整龄阶。如 32 年生的树，以 5 年为一龄阶，其龄阶划分为 32、30、25、20、15、10、5。图 3－7 为该树“0”号圆盘和“Ⅰ”号圆盘的龄阶标定示意图。

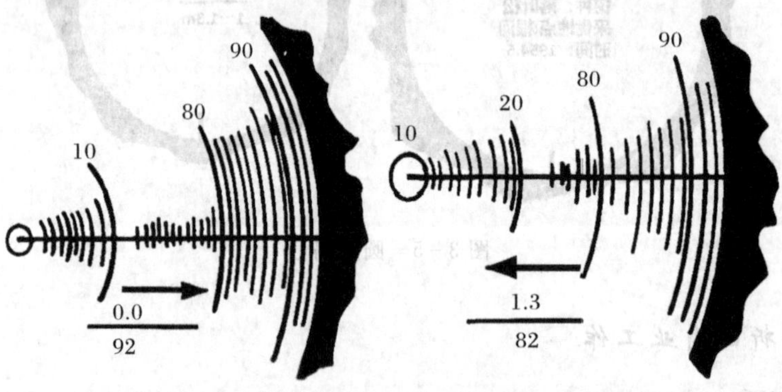

图 3－7　圆盘年轮查数示意

(3)确定龄阶后，用直尺分别在各圆盘东西和南北两条方向线上量取各龄阶及最后期间的去皮和带皮直径，平均后，即为该圆盘各龄阶的直径。同时，将各龄阶直径填入表格。

4)确定各龄阶的树高

树木年龄与各圆盘的年轮数之差,即为达此断面高度的年龄(见表 3-5)。以断面高为纵坐标,以达此高度所需的年龄为横坐标,标出树高生长过程曲线(见图 3-8),可见,从曲线上即可查出各龄阶的树高。

表 3-5 直径、树高及材积生长过程分析

断面高/m	年轮数	达各断面高的年龄/a	28 a 带皮 d	28 a 带皮 v	28 a 去皮 d	28 a 去皮 v	25 a d	25 a v	20 a d	20 a v	15 a d	15 a v	10 a d	10 a v	5 a d	5 a v
根颈	28		10.6	×	9.7	×	9.0	×	7.8	×	5.7	×	3.4	×	1.9	×
伐根				×		×		×		×		×		×		×
胸径	23	5	8.6	—	8.2	—	7.4	—	6.0	—	4.0	—	2.1	—	0.5	—
0.5	26	2	9.2	0.00665	8.8	0.00608	8.1	0.00515	6.9	0.00374	5.0	0.00196	2.7	0.00057	1.1	0.00010
1.5	23	5	8.2	0.00528	7.9	0.00490	7.2	0.00407	5.9	0.00273	3.9	0.00119	2.0	0.00031		
2.5	21	7	7.4	0.00430	7.1	0.00396	6.4	0.00322	5.0	0.00196	3.1	0.00075	1.3	0.00013		
3.5	19	9	6.7	0.00353	6.3	0.00312	5.7	0.00255	4.3	0.00145	2.3	0.00042	0.5	—		
4.5	17	11	5.8	0.00264	5.5	0.00238	4.7	0.00173	3.4	0.00091	1.6	0.00020				
5.5	14	14	4.4	0.00152	4.2	0.00139	3.5	0.00096	2.3	0.00042	0.5	—				
6.5	10	18	2.5	0.00049	2.3	0.00042	1.8	0.00025	0.7	—						
(7.0)	7	21	1.4	—	1.0	—	0.6	—								
梢头	底直径/长度	材积	1.4/0.4	0.00002	1.0/0.4	0.00001	0.6/0.3	0	1.5/0.8	0.00005	1.1/0.8	0.00003	0.9/0.1	0.00002	0.7/0.5	0.00001
树干总材积/m³			0.02443		0.02226		0.01793		0.0112		0.00455		0.00103		0.00011	
各龄阶树高/m			7.4				7.3		6.8		5.8		4.0		1.5	

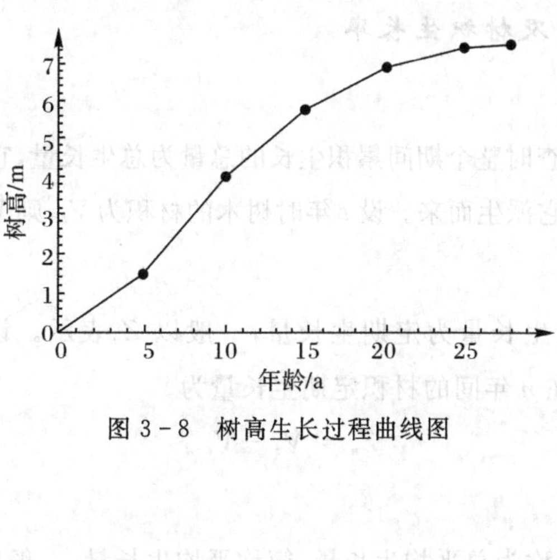

图 3-8 树高生长过程曲线图

5)**绘制树干纵剖面图**

以直径为横坐标,以树高为纵坐标,在各断面高的位置上,按各龄阶直径大小,绘制树干纵剖面图(见图 3-9)。注意:纵剖面图的直径与高度的比例要恰当。纵剖面图有利于直观认识树干的生长情况。

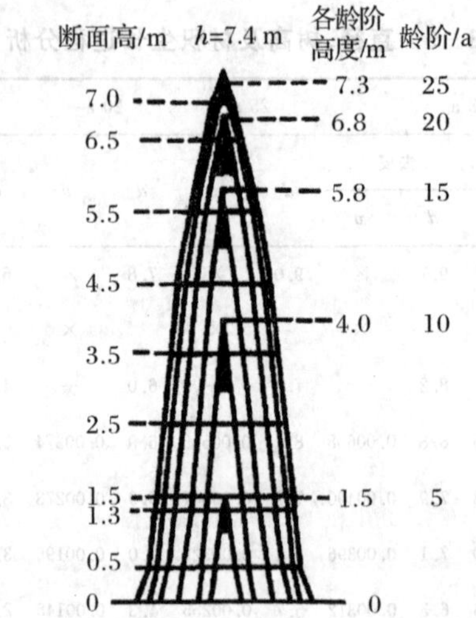

图 3-9 树干纵断面图

6)**计算各龄阶材积**

各龄阶的材积按伐倒木区分求积法计算。除树干的带皮和去皮材积可直接计算外,其他各龄阶材积的计算,首先需要确定某个具体龄阶的梢头长度。它等于该龄阶树高减去等长区分段的总长度,由此可知梢头底断面在树干上的具体位置,然后再根据梢头底断面的位置来确定梢头底直径的大小。它可以从树干纵断面图上查出,也可以根据圆盘各龄阶直径的量测记录用内插法按比例算出。各龄阶材积的计算结果见表 3-5。

3. **计算各种生长量及材积生长率**

1)**总生长量**

树木自种植开始至调查时整个期间累积生长的总量为总生长量,它是树木的最基本生长量,其他种类的生长量均可由它派生而来。设 t 年时树木的材积为 V_t,则 V_t 就是 t 年时的总生长量。

2)**定期生长量**

树木在定期 n 年间的生长量为定期生长量,一般以 Z_n 表示。设树木现在的材积为 V_t,n 年前的材积为 V_{t-n},则在 n 年间的材积定期生长量为

$$Z_n = V_t - V_{t-n} \tag{3-28}$$

3)**总平均生长量**

总生长量除以总年龄称为总平均生长量,简称平均生长量,一般以 θ 表示,即

$$\theta = \frac{V_t}{t} \tag{3-29}$$

4)**定期平均生长量**

定期生长量除以定期年数，称为定期平均生长量，以 θ_n 表示，即

$$\theta_n = \frac{V_t - V_{t-n}}{n} \tag{3-30}$$

5)**连年生长量**

树木一年间的生长量为连年生长量，以 Z 表示，即

$$Z = V_t - V_{t-1} \tag{3-31}$$

连年生长量数值一般很小，测定困难，故通常用定期平均生长量代替。但对于生长很快的树种，如泡桐、桉树等，可以直接利用连年生长量。

6)**形数**

树干材积与比较圆柱体体积之比称为形数，以 f 表示，即

$$f = \frac{V}{g_{1.3} \cdot h} \tag{3-32}$$

7)**生长率**

生长率是树木某调查因子的连年生长量占其总生长量的百分比，它是说明树木相对生长速率的指标。当前，在我国林业研究工作中，利用普雷斯勒式来计算树木直径、树高及材积等因子的生长率。普雷斯勒以某一段时间的定期平均生长量代替连年生长量，以调查初期的量 y_{t-n} 与调查末期的量 y_t 的平均值为原有总量 y，则生长率计算式为

$$P_t = \frac{y_t - y_{t-n}}{y_t + y_{t-n}} \times \frac{200}{n} \tag{3-33}$$

结合以上相关树木生长种类，得出树干生长过程(见表 3-6)。

表 3-6　树干生长过程总表

年龄/a	胸径/cm			树高/m			材积/m³			生长率/%	形数
	总生长量	平均生长量	连年生长量	总生长量	平均生长量	连年生长量	总生长量	平均生长量	连年生长量		

4. **绘制各种生长曲线图**

利用生长过程总表中计算出的数据，我们可绘出各种生长过程曲线，如材积连年生长量和平均生长量关系曲线及材积生长率曲线(见图 3-10、图 3-11)。在绘连年生长量和平均生长量关系曲线时，由于连年生长量是由定期平均生长量代替的，故应以定期中点的年龄为横坐标定点作图。

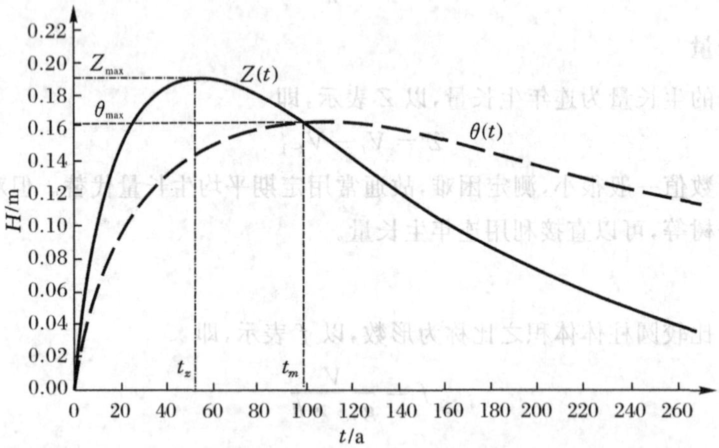

图 3-10　连年生长量 $Z(t)$ 与平均生长量 $\theta(t)$ 关系

连年生长量和平均生长量之间的关系可概括为以下 4 点：

第一，在幼龄阶段，连年生长量与平均生长量都随年龄的增加而增加，但连年生长量增加的速度较快，其值大于平均生长量，即 $Z(t)>\theta(t)$。

第二，连年生长量达到最高峰的时间比平均生长量早。

第三，平均生长量达到最高峰时，连年生长量与平均生长量相等，即 $Z(t)=\theta(t)$。对树木材积来说，两条曲线相交时的年龄即为树木成熟龄。

第四，在平均生长量达到最高峰以后，连年生长量开始小于平均生长量，即 $Z(t)<\theta(t)$。

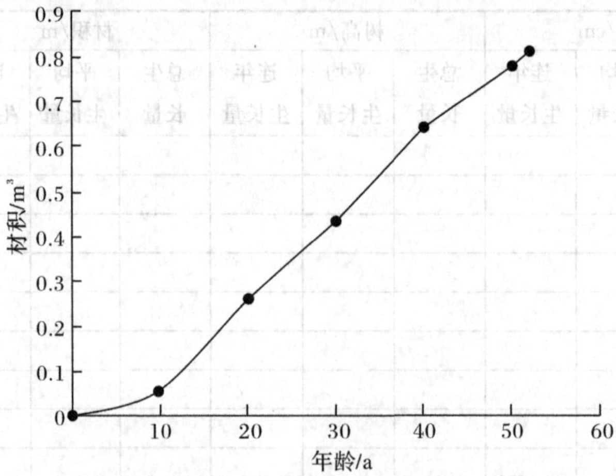

图 3-11　材积生长率曲线图

第4章 林分调查

4.1 本章学习目的

本章的学习目的如下：

(1)了解林分调查因子的基本概念。

(2)掌握不同的林分调查因子的测算方法。

4.2 林分调查因子与测算方法

4.2.1 林分起源

根据林分起源，林分可分为天然林和人工林。由天然下种、人工促进天然更新或萌生所形成的森林称为天然林；以人为的方法供给苗木、种子或营养器官进行造林并育成的森林称为人工林。人工林包括由人工直播(条播或穴播)、植苗、分植或扦插条等造林方式形成的森林，也包括人工林采伐后萌生形成的森林。

4.2.2 林层

林分中乔木树种的树冠所形成的树冠层次称为林相或林层。显然，只有一个林层的林分称为单层林；具有两个或两个以上明显林层的林分称为复层林。同龄的或由喜光树种构成的纯林、立地条件很差的林分多为单层林。单层林的外貌比较整齐，培育的木材较为均匀一致。异龄混交林、耐阴树种组成的林分，尤其是经过择伐以后，易形成复层林。土壤气候条件优越的地方常形成多层的复层林，如热带雨林的林层可达 4～5 层。复层林可充分利用生长空间和光、热、水、养分条件，防护作用和抵抗力都较强。而单层林对雪压、雪折等自然灾害的抵抗力较小，对光照和生长空间的利用不够充分，其防护作用也较复层林弱。《森林资源规划设计调查主要技术规定》(2003)中规定划分林层的标准是：

(1)各林层每公顷蓄积量大于 30 m^3；

(2)相邻林层间林木平均高相差 20%以上；

(3)各林层平均胸径在 8 cm 以上；

(4)主林层郁闭度大于 0.3,其他林层郁闭度大于 0.2。

这些标准是人为确定的划分林层的一般标准,同时满足这 4 个条件就可划分林层。在复层林中,蓄积量最大、经济价值最高的林层称为主林层,其余为次林层。林层序号以罗马数字Ⅰ、Ⅱ、Ⅲ……表示,最上层为第Ⅰ层,其余依次为第Ⅱ层、第Ⅲ层……

4.2.3 树种组成

树种组成是组成林分的树种成分(各树种蓄积量所占总蓄积量的比重)。纯林是由一个树种组成的林分,或混有其他树种但蓄积量都占不到 10%的林分。混交林是由两个或更多个树种组成的林分,其中每种树木在林分内所占比例均不少于 10%。在混交林中,常以树种组成系数表达各树种在林分中所占的数量比例。树种组成系数是某树种的蓄积量(或断面积)占林分总蓄积量(或总断面积)的比重。树种组成系数通常用十分法表示,即各树种组成系数之和等于“10”。由树种名称及相应的组成系数写成组成式,就可以将林分的树种组成明确表达出来。

树种组成系数记录方法:①一般采用四舍五入法;②如果某一树种的蓄积量不足林分总蓄积量的 5%,但大于等于 2%时,则在组成式中用“+”号表示;③如果某一树种的蓄积量少于林分总蓄积量的 2%时,则在组成式中用“-”号表示。

另外,在混交林中,蓄积量比重最大的树种称为优势树种。在一个地区既定的立地条件下,最适合经营目的的树种称为“主要树种”或“目的树种”。主要树种有时与优势树种一致,有时不一致。当林分中主要树种与优势树种不一致时,若两者蓄积量相等,则应在组成式中把主要树种写在前面。此外,树种结构能够反映乔木林分的针阔叶树种组成,树种结构可分为 7 个等级(见表 4-1)。

表 4-1 树种结构划分标准

结构类型	划分标准
类型 1	针叶纯林(单个针叶树种蓄积量≥90%)
类型 2	阔叶纯林(单个阔叶树种蓄积量≥90%)
类型 3	针叶相对纯林(单个针叶树种蓄积量占 65%~90%)
类型 4	阔叶相对纯林(单个阔叶树种蓄积量占 65%~90%)
类型 5	针叶混交林(针叶树种总蓄积量≥65%)
类型 6	针阔混交林(针叶树种或阔叶树种总蓄积量占 35%~65%)
类型 7	阔叶混交林(阔叶树种总蓄积量≥65%)

4.2.4　林分年龄

树木年轮的形成是由于树木形成层受外界季节变化影响产生周期性生长的结果。在温带和寒温带，大多数树木的形成层在生长季节（春、夏季）向内侧分化的次生本质部细胞，具有生长迅速、细胞大而壁薄、颜色浅等特点，即早材（春材），它的宽度占整个年轮宽度的主要部分。而在秋、冬季，形成层的增生现象逐渐缓慢或趋于停止，使在生长层外侧部分的细胞小、壁厚而分布密集，木质颜色比内侧显著加深，即晚材（秋材）。晚材与下一年生长的早材之间有明显的界限，这就是通常用来划分年轮的界限。所以，年轮是树干横断面上由早（春）材和晚（秋）材构成的同心"环带"。在一年中，只有一个生长盛期的温带和寒温带，其根颈处的树木年轮数就是树木的年龄。

一般情况下，一年中树木年轮由早（春）材、晚（秋）材的完整环带构成。但在某些年份，由于受外界环境条件的制约，使年轮环带产生不完整的现象，这就称为年轮变异。在年轮分析过程中，常遇到伪年轮、多层轮、断轮以及年轮消失、年轮界线模糊不清等变异现象。为此，在年轮测定时，要认真观察识别并多方位量测，同时可借助圆盘着色、显微镜观测等手段识别年轮变异现象。

1. 树木年龄测定

1）年轮法

在正常情况下，树木每年形成一个年轮，直接查数树木根茎位置的年轮数，即为树木年龄。如果查数年轮的断面高于根茎位置，则必须将数得的年轮数加上树木生长到此断面所需的年数，这才是树木的总年龄。树干任何高度横断面上的年轮数只表示该高度以上的年龄。

在查数年轮时，要由髓心向外，分别向东、西、南、北 4 个方向计数。当年轮识别困难时，可采用以下几种方法：在树干上锯下一圆盘，用电刨将圆盘表面刨平；在圆盘表面用水浸湿后，用放大镜观测；可以用化学染色剂（如茜红或靛蓝等），利用春材、秋材着色浓度不同，以使年轮容易辨认；进行药物处理，如在浓硫酸内浸泡 5～10 min 或在铬溶液中浸泡 1～1.5 h，利用春材、秋材的不同受腐程度使年轮线明显。

目前，许多国家采用年轮分析系统（WinDENDRO），利用计算机自动查数树木各方向的年轮数和年轮宽度。WinDENDRO 是利用高质量的图形扫描系统，将刨平的圆盘扫描成高分辨率的彩色图像和黑白图像，通过计算机自动测定树木年龄。如有必要，也可利用交叉定年的方法来检查读数中是否存在伪年轮、断轮或年轮消失的现象。

2）生长锥测定法

当不能伐倒树木或没有伐桩查数年轮时，可以用生长锥查定树木年龄。生长锥是测定树木年龄和直径生长量的专用工具。生长锥由锥管、探针和锥柄三部分组成（见图 4－1）。

(a)生长锥　　(b)钻取的木芯

图 4-1　生长锥及钻取的木芯

生长锥的使用方法如下：

(1)先将锥筒装置于锥柄上的方孔内，用右手握锥柄的中间，用左手扶住锥筒以防摇晃；

(2)垂直于树干将锥筒先端压入树皮，而后用力按顺时针方向旋转，待钻过髓心为止；

(3)将探取杆插入筒中稍许逆转再取出木条，木条上的年龄数，即为钻点以上树木的年龄；

(4)加上由根颈长至钻点高度所需的年数，即为树木的年龄。

3)查数轮生枝法

有些针叶树种，如松树、云杉、冷杉等，一般每年在树的顶端生长一轮侧枝，即轮生枝。这些树种可以通过直接查数轮生枝的环数及轮生枝脱落(或修枝)后留下的痕迹来确定年龄。由于树木的竞争，老龄树干下部侧枝脱落(或树皮脱落)，甚至节子完全闭合，其轮枝及轮枝痕不明显，这时可采用对比附近相同树种小树轮生枝位置近似确定年龄。用查数轮生枝的方法确定幼小树木(人工林小于 30 年，天然林小于 50 年)的年龄十分精确，对老树则精度较差。但树木受环境因素或其他原因影响时，有时会出现一年形成二层轮枝的二次高生长现象。因此，使用此方法时要特别注意。

4)经营档案法或访问的方法

这种方法是确定人工林年龄最可靠的方法。从经营档案中获取树木年龄，准确可靠，特别是集约经营的林分，但该方法仅适用于有记录的树木，目前使用范围较窄。随着人工造林面积的逐步增大，该方法的使用率也会逐渐增加。

5)生长量法

对于年轮不是很清晰的热带、亚热带树种，可以尝试从生长量推算树木年龄。具体做法：分树种逐年测定某调查区域全部树木的胸径，建立生长速率与胸径的关系模型，则某年胸径与生长速率的比值，即为该树木生长到此直径的年龄。

这种方法是某树种平均年龄的计算方法。为了能更加准确地得到个体树木年龄，需要考虑不同发育阶段的生长速率、树种耐阴性、树种组成、被压情况及作业方式等信息。

6)**针测仪法**

针测仪是通过探针钻入树木的阻抗记录,来测定树木内部的腐烂或空洞、材质、年轮等信息的一种仪器。从获取树木年龄的角度,它是生长锥的升级版,由人为查数年轮改为软件分析。

树木针测仪由探刺针、管、外围设施(电池、数据存储交换、打印输出等)组成(见图 4-2)。使用时,将探刺针垂直接触树干,用肩部抵住仪器,然后按住开关匀速向树干中部用力,直到探刺针穿透树干,如果树木较大,探刺针插到髓心即可。

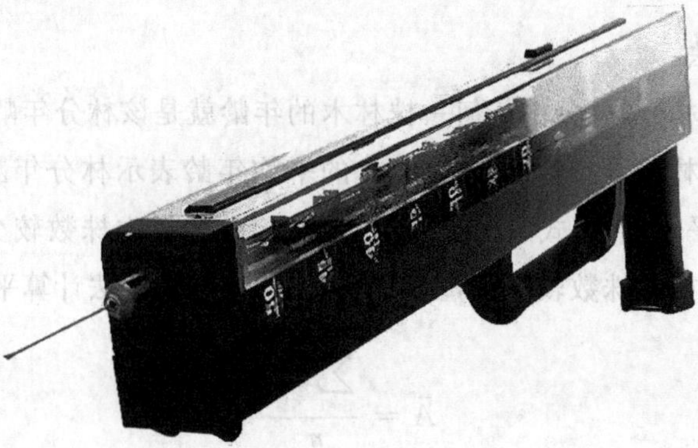

图 4-2 树木针测仪

针测仪法获取树木年龄的误差,与野外探测时用力均匀与否、工作人员的经验等因素有关。目前针测仪的年龄测定精度还很难超过生长锥法,但由于其探刺针直径较小,因此,对树木的破坏程度较生长锥较小。

7)^{14}C **测定法**

^{14}C 是碳的同位素,它在自然界含量很少且半衰期很长。通过测定^{14}C 与不具放射性的^{12}C 含量比例,然后按^{14}C 的放射性衰变公式进行计算,校订之后便可推算出待测树木的年龄,这是^{14}C 测年的基本原理。操作上,首先用专业仪器在待估年龄树木上取样,之后需要进行矫正才能得到年龄,这需要专门的机构且误差较大,因此,这种方法在实践中很少使用,仅偶见于古树年龄的测定。

8)CT **扫描法**

CT 扫描法即通过 CT 扫描获取树木年龄。由于使用射线对树木的生长有一定影响,而且设备昂贵、测定成本较高,因此这种方法实际上应用较少。

2. **林分年龄测定**

林分是由许多树木构成的,林分年龄必然与组成林分的树木的年龄有关,因此,根据组成林分的树木的年龄,可将林分划分为同龄林和异龄林。同龄林是指林木的年龄相差不超过一个龄级期限的林分。按照这个划分标准,一般人工营造的林分为同龄林,另外,在火烧迹地或小面积皆伐迹地上更新起来的林分有可能成为同龄林。对于同龄林，还可以进一步划分为绝对同龄林和相对同龄林。林木年龄完全相同的林分称为绝对同龄林，绝对同龄林多见于人工林；林木年龄相差不足一个龄级的林分称为相对同龄林。异龄林是指林木年龄相差在一个龄级以上的林分。在异龄林中，由所有龄级的林木所构成的林分称为全龄林，全龄林的林木年龄分布范围中一定有幼龄林木、中龄林木、成熟龄林木及过熟龄林木。一般耐阴树种构成的天然林，尤其是择伐后长起的林分，通常为异龄林；多数天然林分，一般为异龄林。与同龄林相比，异龄林的防护作用和对风、雪等自然灾害以及病虫害的抵抗能力强，但是其经营管理技术比较复杂。

林分年龄确定方法：

(1)对于绝对同龄林分，林分中任何一株林木的年龄就是该林分年龄。

(2)对于相对同龄林或异龄林，通常以林木的平均年龄表示林分年龄，可采用算术平均年龄[式(4-1)]和加权平均年龄[式(4-2)]。当查定年龄的树木株数较少时，往往采用算术平均年龄；当查定年龄的树木株数较多时，多采用断面积加权的方法计算平均年龄。

$$\bar{A}=\frac{\sum_{i=1}^{n}A_i}{n} \tag{4-1}$$

$$\bar{A}=\frac{\sum_{i=1}^{n}A_i G_i}{\sum_{i=1}^{n}G_i} \tag{4-2}$$

式中 $\bar{A}$——林分平均年龄；

n——查定年龄的林木株数；

A_i——第 i 株树木的年龄；

G_i——第 i 株树木的胸高断面积。

(3)对于混交异龄林，以主要树种或目的树种的年龄为主。

(4)对于复层混交林，通常按林层分树种记载年龄，且以各层优势树种的年龄作为林层的年龄。

4.2.5 平均胸径

林分平均胸径是林分平均断面积所对应的直径，用 D_g 表示。林分平均胸径是反映林木粗度的基本指标，其计算方法为

$$D_g=\sqrt{\frac{4}{\pi}\bar{g}}=\sqrt{\frac{4}{\pi}\frac{1}{N}G}=\sqrt{\frac{4}{\pi}\frac{1}{N}\sum_{i=1}^{N}g_i}=\sqrt{\frac{4}{\pi}\frac{1}{N}\sum_{i=1}^{N}\frac{\pi}{4}d_i^2}=\sqrt{\frac{1}{N}\sum_{i=1}^{N}d_i^2} \tag{4-3}$$

式中 $\bar{g}$——林分平均断面积；

N——林分内林木总株数；

G——林分总断面积；

g_i——第 i 株林木的断面积；

d_i——第 i 株林木的胸径。

从以上计算过程可以看出，林分平均胸径 D_g 是林木胸径平方的平均数，而不是林木胸径的算术平均数。

4.2.6 平均高

林木的高度是反映林木生长状况的数量指标，同时也是反映林分立地质量高低的重要依据。平均高是反映林木高度平均水平的测度指标。根据不同的目的，通常把平均高分为林分平均高和优势木平均高。平均高以米为单位，记录到小数点后一位。

1. 林分平均高

(1)条件平均高。树木的高与胸径之间存在着密切的关系。一般情况下，随着胸径的增大，树高增加。两者之间的关系常用树高与胸径的关系曲线来表示，这种反映树高随胸径变化的曲线称为树高曲线。在树高曲线上，与林分平均直径相对应的树高，称为林分的条件平均高，简称平均高，以 H_D 表示。另外，从树高曲线上根据各径阶中值查得的相应的树高值，称为径阶平均高。

在林分调查中，为了估算林分平均高，可在林分中选测 3～5 株与林分平均直径相近的平均木的树高，以其算术平均数作为林分平均高。

(2)加权平均高。依林分各径阶林木的算术平均高与其对应径阶林木胸高断面积计算的加权平均数作为林分树高，称为加权平均高，以 $\bar{H}$ 表示。这种计算方法一般适用于较精确地计算林分平均高。其计算公式为

$$\bar{H}=\frac{\sum_{i=1}^{k}\bar{h}_i G_i}{\sum_{i=1}^{k}G_i} \tag{4-4}$$

式中 $\bar{h}_i$——林分中第 i 径阶林木的算术平均高；

G_i——林分中第 i 径阶林木的胸高断面积之和；

k——林分中径阶个数。

对于复层混交林分，林分平均高应分林层、树种计算。

2. 优势木平均高

林分平均高反映的是林分中树木高度的总体平均水平，除了林分平均高以外，林分调查中还经常表示林分中“优势木或亚优势木”的平均树高。林分的优势木平均高定义为林分中所有优势木或亚优势木高度的算术平均数，常以 H_T 表示。调查时，可以在林分中选择 3～5 株最高或胸径最大的立木测定其树高取算术平均值作为优势木平均高。

优势木平均高调查方法：

(1)在林分中，测定所有上层木的树高的算术平均值作为优势木平均高。

(2)在林分中，测定 20 株以上的优势木(含亚优势木)，以其树高的算术平均值作为林分优势木平均高。

(3)在标准地中，按每 100～200 m^2 的林地上测一株最高树木的树高，将其平均值作为优势木平均高。

(4)测定 3～6 株均匀分布在标准地或样地内的优势木树高，以其算术平均值作为优势木平均高。

4.2.7 立地质量

立地质量指某一特定立地区域内既定林分类型潜在生产力，在林木生长和收获、经营效果评价及森林生态研究等方面具有重要意义。地位指数是基于特定年龄时林分中优势木或亚优势木平均树高来评价立地潜在生产力的主要方法。与其他立地潜在生产力评价方法相比，地位指数不受林分密度及下层抚育等因素的影响，因此，构建地位指数预测模型在立地质量评价及生产力预估等研究中具有重要意义。

森林立地质量评价是对林地潜在生产力进行评价，主要是以林地自然属性对林地利用能力或林地利用适宜性的影响大小进行评价。形成林地自然特征的各种因素主要包括气候、地貌、海拔、土壤等，可将这些评价因素分为稳定因素(气候、地形等)、较稳定因素(土壤质地、水文等)和不稳定因素(pH 值、水分、养分含量等)。森林立地质量评价是一个认识林地的过程，选择适宜的评价方法至关重要。立地质量评价方法主要包括地位指数法、生长量法等，其中，最常用的方法是地位指数法。在评价森林立地质量的过程中，地位指数法是较为有效、较为客观的一种方法。在对森林立地进行适宜性评价时，要确定好对某种林分在生产经营上有意义的评价因素或限制因素，然后选择适宜的评价方法对立地质量进行评价，其结果才能满足生产经营的需求。

4.2.8 林分密度

林分密度是指单位面积林地上林木的数量。林分密度可以说明林木对其占有空间的利用程度，它是影响林分生长(直径生长、树高生长、材积生长)和木材数量、质量以及林分稳定性的重要因子。森林经营管理最基本的任务之一，就是在了解密度作用规律的基础上，在森林整个生长发育过程中，通过人为的干预措施，使林木处在最佳的密度条件下生长，以使林木个体健壮，生长稳定，干形良好，充分发挥森林的生态效益、经济效益和社会效益。当前，用来反映林分密度的指标很多，我国现行常用的林分密度指标有株数密度、疏密度和郁闭度。

1. 株数密度

单位面积上的林木株数称为株数密度(简称密度),其单位为株/hm^2。它是林学中最常用的密度指标之一,造林、营林、林分调查及编制林分生长过程表或收获表,都采用这一密度指标。由于林分株数密度的测定方法简单易行,所以其在实践中被广泛采用。株数密度这个指标,也直接反映了每株林木平均占有的林地面积和营养空间的大小。应该指出的是,株数密度与林龄、立地等因子的关联很紧密,这一点是其作为密度指标的不足之处。

2. 疏密度

林分每公顷胸高断面积(或蓄积量)与相同立地条件下标准林分每公顷胸高断面积(或蓄积量)之比,称为疏密度,以 P 表示,其计算式为

$$P=\frac{\sum G_{现}}{\sum G_{标}}=\frac{\sum M_{现}}{\sum M_{标}} \tag{4-5}$$

式中:$G_{现}$、$M_{现}$分别为现实林分的每公顷断面积(m^2)和蓄积量(m^3);$G_{标}$、$M_{标}$分别为标准林分的每公顷断面积(m^2)和蓄积量(m^3)。

疏密度可以说明单位面积上立木蓄积量的多少,以十分数表示,由 0.1 到 1.0,共分 10 级。它是森林调查和森林经营中最常用的林分密度指标之一。

在疏密度的定义中所提到的标准林分,可以理解为某一树种在一定年龄、一定立地条件下最完善和最大限度地利用了所占有的空间的林分。标准林分在单位面积上具有最大的胸高断面积(或蓄积量),这样的林分疏密度定为“1.0”。以这样的林分为标准衡量现实林分,现实林分的疏密度一般小于 1.0。列示标准林分每公顷胸高总断面积和蓄积量依林分平均高而变化的数表,称为标准表。

疏密度的确定方法如下:

(1)调查确定林分的平均高。

(2)根据林分优势树种选用标准表,并由标准表查出对应调查林分平均高的每公顷胸高断面积(或蓄积量)。

(3)计算林分的疏密度。

【例 4-1】某杉木(实生)林分,林分平均高 $H_D=15$ m,每公顷断面积为 28.8 m^2,根据林分平均高,由表 4-2 查出标准林分相应的每公顷断面积为 56.4 m^2,则该林分疏密度为

$$P=\frac{28.8}{56.4}=0.51\approx 0.5$$

表 4-2 实生杉木断面积、蓄积量标准表

林分平均高/m	断面积/m²	蓄积量/m³	林分平均高/m	断面积/m²	蓄积量/m³
5	16.4	53	13	50.9	363
6	20.9	79	14	53.8	409
7	25.3	109	15	56.4	455
8	29.6	142	16	58.7	501
9	34	179	17	60.6	545
10	38.4	221	18	62.3	589
11	43.4	269	19	63.9	634
12	47.4	316			

3. 郁闭度

林分中树冠投影面积与林地面积之比，称为郁闭度，以 P_C表示。

(1)树冠投影法。在标准地内划分 5 m 或 10 m 的方格，量测每株立木在方格中的位置，用皮尺和罗盘测定每株树冠东西、南北方向的投影长度，再按实际形状在方格纸上按一定比例勾绘出树冠投影图，如图 4-3 所示，在图上求出林冠投影面积和标准地总面积，计算郁闭度 P_C。

$$P_C = \frac{S_C}{S_T} = \left(1 - \frac{S_0}{S_T}\right) \tag{4-6}$$

式中 S_C——林冠投影面积；

S_0——林冠空隙面积；

S_T——标准地总面积。

虽然树冠投影法测定林分郁闭度既费工又困难，但是所得结果较准确。

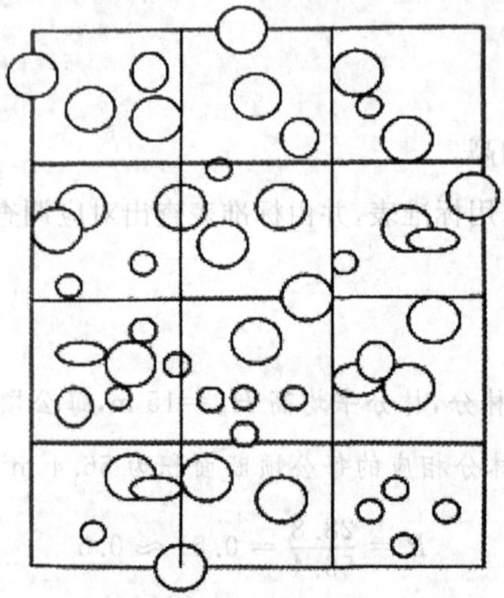

图 4-3 树冠投影

(2)测线法(对角线截距抽样法)。在林内选一有代表性地段,设置一定长度的测线,沿线观察各株树木的树冠投影,并量取投影长度,各树冠在测线上的投影长度总和与测线长度之比,即为郁闭度的值。

(3)统计法。在林分调查中,机械设置 N 个样点,在各样点位置上,判断该样点是否被树冠垂直投影覆盖,统计被覆盖的样点数 n,利用下式计算出林分郁闭度:

$$P_C = \frac{n}{N} \tag{4-7}$$

(4)树冠郁闭度测定仪测定郁闭度。在科研工作中,有时使用专门测定林分郁闭度的测定仪,直接测定出林分郁闭度。

4.2.9 林分蓄积量

林分中全部林木的材积和称为林分蓄积量。在森林调查和森林经营工作中,林分蓄积量常用单位面积蓄积量表示。蓄积量是鉴定森林数量的主要指标,单位面积蓄积量的大小标志着林地生产力的高低及经营措施效果的大小。另外,在森林资源中,经济利用价值最大的仍是木材资源。因此,林分蓄积量的测定是林分调查主要目的之一,它为森林经营和采伐利用提供了重要的数量依据。林分蓄积量的测定方法见第6章。

4.2.10 林木质量

蓄积量是一个数量指标,它不能全面地反映林分中林木的经济利用价值。例如,两个蓄积量相等的林分,由于林分结构和木材质量的不同,木材的经济利用价值会有很大差异。为了对森林资源做出更加全面的评价,在查明蓄积量的基础上,有必要对其林木质量和林分出材率进行调查,对森林木材资源的经济价值进一步作出评价,并对其在采伐、集材和运输方面具备的条件给予说明。中龄林和幼龄林不是采伐利用的对象,因此没有必要对其划分林木质量、林分出材率等级和可及度,林木质量、林分出材率等级和可及度的划分仅限于用材林的近、成、过熟林部分。

用材林近、成、过熟林林木质量划分为3个等级:商品用材树、半商品用材树和薪材树,具体划分标准见表4-3。

表4-3 用材林近、成、过熟林林木质量等级划分标准

林木质量等级	划分标准
商品用材树	用材部分占全树高的40%以上
半商品用材树	用材部分长度在2 m(针叶树)或1 m(阔叶树)以上,但不足全树高的40%
薪材树	用材部分长度在2 m(针叶树)或1 m(阔叶树)以下

4.3 林分环境因子调查

4.3.1 林下活地被物及生物多样性调查

在每块标准地内的中心桩和四角桩附近分别设置 1 个灌木样方(面积为 5 m^2)和 4 个植被样方(面积为 1～2 m^2),分为树种、灌木及活地被物种类,调查它们的盖度、平均高、单位面积上的株数及生物多样性。同时,了解其生长状况及分布特点,评价乔木林的群落结构。另外,根据调查结果,计算出总盖度(%)。具体内容一般有以下几项:

(1)植被调查:标准地内灌木、草本和地被物的主要种类。

(2)灌木覆盖度:标准地内灌木树冠垂直投影覆盖面积与标准地面积的比,以百分数表示。采用对角线截距抽样或目测方法调查。

(3)灌木平均高:标准地内灌木层的平均高采用目测方法调查,以"m"为单位。

(4)草本覆盖度:标准地内草本植物垂直投影覆盖面积与标准地面积的比,以百分数表示。采用对角线截距抽样或目测方法调查。

(5)草本平均高:标准地内草本层的平均高采用目测方法调查,以"cm"为单位。

(6)植被总覆盖度:标准地内乔、灌、草垂直投影覆盖面积与标准地面积的比,以百分数表示。采用对角线截距抽样或目测方法调查,或根据郁闭度与灌木和草本覆盖度的重叠情况综合确定,以百分数表示。

(7)幼树株数:分不同的高度级调查幼树的株数,然后换算为每公顷的相应株数,以备评定天然更新等级。高度级一般划分为≤30 cm、31～50 cm、≥51 cm 3 个级别。

(8)生物多样性:生物多样性包括生态系统多样性、物种多样性和遗传多样性 3 个层次。标准地调查一般调查物种多样性,多样性指标采用香农(Shannon)指数(S_n)和辛普森(Simpson)指数(S_p)计算,其计算式为

$$S_n = -\sum_{i=1}^{s} p_i \log p_i \tag{4-8}$$

$$S_p = 1 - \sum_{i=1}^{s} p_i^2 \tag{4-9}$$

式中 s——物种数;

p_i——第 i 个物种的数量占全部物种数量的比例。

在进行标准地内物种多样性计算时,考虑到乔木树种在林分中的重要作用,应该分乔木树种、灌木树种和草本层计算才具有意义,而且乔木、灌木、草本的物种数量本身也表示了多样性。

(9)乔木林群落结构评价:群落结构是一个十分复杂的生态学问题,它是群落生态学研究的重要内容之一。群落的种类组成及其数量特征、种的多样性、种间关联,都属群落结构的重要特征。对乔木林群落结构的评价,为了便于实际应用,目前只按群落中物种的垂直成层性

(群落的垂直结构)采用定性的评价标准。对乔木林群落结构进行评价时,一般划分为 3 个群落结构类型,划分标准见表 4-4。

表 4-4　群落结构类型划分标准

群落结构类型	划分标准
完整结构	具有乔木层、下木层、地被物层(含草本、苔藓、地衣)3 个层次的林分
较完整结构	具有乔木层和其他 1 个植被层的林分
简单结构	只有乔木 1 个植被层的林分

4.3.2　枯落物层调查

枯落物指覆盖在林地表面的枯枝落叶、落花、落果,以及其他植物残体。因为覆盖层主要由森林凋落物组成,故又称凋落物层或枯枝落叶层。植物凋落物是森林生态系统中重要的土壤有机质和养分来源,在维持土壤肥力、植物生长发育、生态系统中的物质循环和能量流动等方面起着不可替代的作用。有研究表明,陆地生态系统当年生物量的 90% 都以凋落物的形式存在。在标准地内通过调查枯落物组成、枯落物厚度等,可以了解枯落物层的具体情况。

4.3.3　土壤调查

土壤调查是在标准地内通过土壤剖面调查土壤名称、土层厚度以及土壤表面的枯枝落叶厚度和腐殖质厚度等。在土壤调查中,土壤名称根据中国土壤分类系统记载到土类,如棕壤、黑钙土、栗钙土等,土壤厚度以及土壤表面的枯枝落叶厚度和腐殖质厚度如表 4-5 至表 4-7 所示。

表 4-5　土壤厚度等级

等级	土层厚度/cm	
	亚热带山地丘陵、热带	亚热带高山、暖温带、温带、寒温带
厚	≥80	≥60
中	40～79	30～59
薄	<40	<30

表 4-6　枯枝落叶厚度等级表

等级	枯枝落叶厚度/cm
厚	≥10
中	5～9
薄	<5

表 4-7 腐殖质厚度等级表

等级	腐殖质厚度/cm
厚	≥20
中	10～19
薄	<10

4.3.4 地形地势因子调查

在山地环境因子中，坡向、坡度、坡位都是需要进一步调查的主要因子。坡向即为坡面的朝向，对应地形坡度小于 5°的坡面定义为无坡向地段。坡位即标准地所处坡面的位置，分为脊部、上坡位、中坡位、下坡位、山谷和平地。坡度按坡面倾斜角划分为 6 级。具体坡向、坡位、坡度的划分标准如表 4-8 至表 4-10 所示，其中坡向和坡度可以借助罗盘仪进行测量。

表 4-8 坡向划分标准

坡向	方位	坡向	方位	坡向	方位
北坡	338°～22°	东南坡	113°～157°	西坡	248°～292°
东北坡	23°～67°	南坡	158°～202°	西北坡	293°～337°
东坡	68°～112°	西南坡	203°～247°	无坡向	坡度小于 5°的地段

表 4-9 坡位划分标准

坡位	划分标准
脊部	山脉的分水岭及其两侧各下降垂直高度 15 m 的范围
上坡位	从脊部以下至山谷范围内的山坡三等分后的最上等分部位
中坡位	从脊部以下至山谷范围内的山坡三等分后的中部
下坡位	从脊部以下至山谷范围内的山坡三等分后的最下等分部位
山谷(或山洼)	汇水线两侧的谷地

表 4-10 坡度划分标准

坡度级	划分标准	坡度级	划分标准
Ⅰ级(平坡)	坡面倾斜角<5°	Ⅳ级(陡坡)	坡面倾斜角 25°～34°
Ⅱ级(级坡)	坡面倾斜角 5°～14°	Ⅴ级(急坡)	坡面倾斜角 35°～44°
Ⅲ级(斜坡)	坡面倾斜角 15°～24°	Ⅵ级(险坡)	坡面倾斜角≥45°

4.4 林分评价

4.4.1 森林自然度

我国境内分布的森林，处于原始状态的已经十分少见，且由于受到人们不断的开发利用等干扰，形成了许多过伐林、次生林和人工林类型。这些森林类型不同程度地保留着或已经失去地带性顶极群落的特征，处于演替过程中的某一阶段，且这些森林类型发挥的各种效益差异很大，需要采取的经营措施不同。因此，调查时，我们可以按照现实森林类型与地带性原始顶极森林群落类型的差异程度，或次生森林类型位于演替中的阶段，将现存森林划分为不同的自然度等级，以便于制定合理的经营措施，促进森林群落向地带性顶极群落发展。一般将自然度划分为5级，具体划分标准如表4-11所示。

表4-11 自然度划分标准

自然度	划分标准
Ⅰ	原始或受人为影响很小而处于基本原始状态的森林类型
Ⅱ	有明显人为干扰的天然森林类型或处于演替后期的次生森林类型，以地带性顶极适应值较高的树种为主，顶极树种明显可见
Ⅲ	人为干扰很大的次生森林类型，处于次生演替的后期阶段，除先锋树种外，可见顶极树种出现
Ⅳ	人为干扰很大，演替逆行，处于极为残次的次生林阶段
Ⅴ	人为干扰强度极大且持续，地带性森林类型几乎破坏殆尽，处于难以恢复的逆行演替后期，包括各种人工林类型

4.4.2 森林健康

森林健康对森林环境质量有重要的影响，因此，在标准地调查中，应对林分的灾害情况（火灾、病虫害、气候灾害等）进行调查，评定其灾害等级（见表4-12）；同时，根据树冠脱叶、树叶颜色、树木的生长发育、外观表象特征及灾害情况综合评定森林健康状况（见表4-13）。

表4-12 灾害等级评定标准

等级	评定标准		
	森林病虫害	森林火灾	气候灾害和其他
无	受害立木株数10%以下	未成灾	未成灾
轻	受害立木株数10%～29%	受害立木株数20%以下，仍能恢复生长	受害立木株数20%以下
中	受害立木株数30%～59%	受害立木株数20%～49%，生长受到明显抑制	受害立木株数20%～59%
重	受害立木株数60%及以上	受害立木株数50%及以上，以濒死木和死亡木为主	受害立木株数60%及以上

表 4-13　健康等级评定标准

健康等级	评定标准
健康	林分生长、分枝发育良好。树叶大小、色泽正常;无干扰
亚健康	林分生长较好。叶部偶见枯黄、褪色或非落叶季落叶(发生率小于 10%)
中健康	叶部可见枯黄、褪色或非落叶季落叶(发生率在 10%至 30%之间)
不健康	林分生长不健康。叶部多见枯黄、褪色或非落叶季落叶(发生率大于 30%)

4.4.3　森林生态功能评价

首先,在标准地调查的基础上,将森林蓄积量、森林自然度、群落结构、树种结构、林分平均高、郁闭度、植被总覆盖度以及枯枝落叶厚度等级 8 个因子作为森林生态功能评价因子,评价因子等级划分见表 4-14。其次,根据综合得分值评定生态功能等级(见表 4-15)。最后,将森林生态功能指数(综合得分值的倒数)作为评定森林生态功能的指标,确定森林生态功能的等级。

表 4-14　森林生态功能评价因子及类型划分

评价因子	等级划分标准		
	等级Ⅰ	等级Ⅱ	等级Ⅲ
森林蓄积量/(m^3/hm^2)	>140	50~140	<50
森林自然度	Ⅰ、Ⅱ	Ⅲ、Ⅳ	Ⅴ
群落结构	完整结构	较完整结构	简单结构
树种结构	类型 6、类型 7	类型 3、类型 4、类型 5	类型 1、类型 2
林分平均高/m	≥15.0	5.0~<15.0	<5.0
郁闭度	≥0.70	0.40~<0.70	0.20~<0.40
植被总覆盖度/%	≥70	50~<70	<50
枯枝落叶厚度等级	厚	中	薄

表 4-15　森林生态功能等级评定标准

功能等级	综合得分值
好	<1.5
中	1.5~2.4
差	>2.4

评定森林生态功能时，按式(4－10)和式(4－11)分别计算综合得分和森林生态功能指数K。

综合得分计算式：

$$Y=\sum_{i=1}^{8}W_iX_i \tag{4-10}$$

式中 X_i——第i项评价因子的类型得分值(等级Ⅰ、等级Ⅱ、等级Ⅲ分别取1、2、3)；

W_i——各评价因子的权重。

森林生态功能指数计算式：

$$K=\frac{1}{\sum W_iX_i} \tag{4-11}$$

森林生态功能指数不大于1，数值越接近1，表明生态功能越好。

第5章 标准地的调查

5.1 标准地的用途

为掌握森林资源的状况及其变化规律，满足森林资源经营管理工作的需要，应进行林分调查或某些专业性的调查。但在实际工作中，一般不可能也没有必要对全林分进行实测，往往是在林分中，按照一定的方法和要求，进行小面积的局部实测调查，根据调查结果推算整个林分。这种调查方法既节省人力、物力和时间，同时也能够满足林业生产上的需要。在局部调查中，选定实测调查地块的方法有两种：一种是按照随机的原则设置实测调查地块；另一种是以林分平均状态为依据典型选设实测调查地块。在林分内，按照随机抽样的原则所设置的实测调查地块，称为抽样样地，简称样地；根据全部样地实测调查的结果，推算林分总体，这种调查方法称为抽样调查法。在林分内，按照平均状态的要求所确定的能够充分代表林分总体特征平均水平的地块，称为典型样地，简称标准地；通过设置标准地进行实测调查，可获得林分各调查因子的数量和质量指标值，根据标准地调查结果按面积比例推算全林分结果的调查方法称为标准地调查法。这两种不同性质的局部实测调查方法，各有其适用的条件和用途。

在我国，以掌握宏观森林资源现状与动态为目的的国家森林资源连续清查（简称一类调查），主要采用抽样调查法。在营林工作中，为满足森林经营方案编制、总体设计和基地规划的需要，进行森林规划调查（简称二类调查）时，一般也采用抽样调查法。在森林经营活动中，为科学组织森林经营活动、制定营林技术措施以及研究林分各种因子间的关系，采用标准地实测调查是一种行之有效的林分调查方法。这种典型选样的调查方法，虽无法表达出调查结果的精度或误差，但是只要认真地选定标准地进行实测，其调查结果仍是可靠的，完全可以满足营林工作的需要。标准地调查法对于某些专业性调查来说，它又是唯一可采用的调查方法。

5.2 标准地的设置与测量

5.2.1 仪器及用具

罗盘仪、卷尺、三脚架、花杆、测绳、GPS、测高器、胸围尺、文件夹、计算器、记录表格、工具包等。

5.2.2 选择标准地的基本要求

(1)标准地必须对所预定的要求有充分的代表性。

(2)标准地必须设置在同一林分内,不能跨越林分。

(3)标准地不能跨越小河、道路或伐开的调查线,且应离开林缘(至少应距林缘为1倍林分平均高的距离)。

(4)标准地设在混交林中时,其树种、林木密度分布应均匀。

5.2.3 标准地的形状和面积

标准地的形状一般为正方形、矩形、圆形,有时因地形变化也可为多边形。

标准地面积应依据调查目的、林分状况如林龄及林分密度等因素而定。我国原林业部(1986)《林业专业调查主要技术规定(试行)》中规定:标准地面积,天然林,一般在寒温带、温带林区采用500～1000 m^2,亚热带、热带林区采用1000～5000 m^2。此外,也可用林木株数控制标准地面积,一般采用主林层林木株数200株左右。人工林和幼龄林标准地面积可以酌情减小。

在实际调查工作中,为了确定标准地的面积应该有多大,可预先选定400 m^2的小样方,查数林木株数,据以推算应设置的标准地的面积。

【例5-1】根据林分状况,要求设置的标准地林木株数不少于250株,选定400 m^2的小样方查数林木株数为13株,则标准地的最小面积应为

$$S=\frac{250}{13}\times 400=7692.3(m^2)$$

5.2.4 标准地的境界测量

为了确保标准地的位置和面积,需要进行标准地的境界测量。传统的方法通常是用罗盘仪测角,用皮尺或测绳量水平距(l)。当林地坡度(θ)大于5°时,根据三角函数原理,应将测量的斜距按实际坡度改算为水平距离($L, L=l/\cos\theta$)。在进行标准地境界测量时,测线周界的闭合差不得超过1/200。

随着现代测量技术的发展，在标准地的境界测量中，目前可以采用的现代测定手段也有很多，例如，可以应用全站仪进行精确的境界确定，求算标准地面积，可以使用 GPS 进行精确的定位等。在实践中，我们应视具体条件选用不同的方法，确保标准地的面积准确。

在调查作业时，为使标准地保持有明显的边界，应将测线上的灌木和杂草清除。测量四边周界时，在面向标准地一面的边界外缘的树干上要标出明显标记，以保持周界清晰。根据需要，标准地的四角应埋设临时简易或长期固定的标桩，便于辨认和寻找。

5.2.5 标准地的位置及略图

标准地设置好以后，应标记标准地的地点、GPS 定位坐标及在林分中相对的位置，并将标准地设置的大小、形状标记在标准地调查表上。例如，按比例绘制【例 5－1】略图，如图 5－1所示。

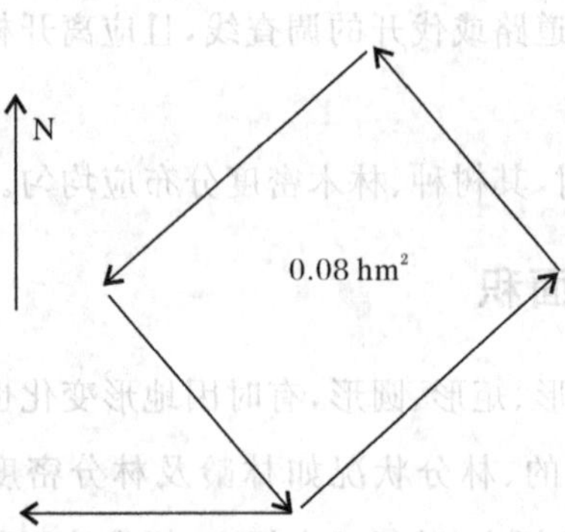

图 5－1 标准地略图

5.3 标准地的调查工作

在标准地内分树种、起源、年龄世代、活立木、枯立木测定每株树木的胸高直径，按整化径阶进行记载统计的工作，称为每木调查或每木检尺。

每木调查的工作步骤如下：

(1)确定径阶大小。径阶的大小直接影响平均直径及有关调查因子的准确程度。径阶是用组中值来表示的，径阶整化范围过大或过小，都不能正确地反映直径分布的规律，因而需要确定适当的径阶大小。一般，林分平均直径在 12 cm 以上时，以 4 cm 为一个径阶；6～12 cm 时，以 2 cm 为一个径阶；平均直径小于 6 cm 时，可以采用 1 cm 为一个径阶。在起测径阶以下的树木作幼树统计，不进行检尺。在混交复层异龄林中，要分树种、林层和年龄世代检尺。

通常，在林分调查中划分径阶时，统一采用上限排外法。例如，若选用 2 cm 为一个径阶，则 6 cm 径阶的直径范围定为 5.0～6.9 cm，而不是定为 5.1～7.0 cm。

(2)确定起测径阶。起测径阶是指每木检尺的最小径阶。根据林分结构规律,同龄纯林(或森林分子)的最小直径近似地等于平均直径的 0.4 倍,通常可将其作为起测径阶。例如,某林分的目测平均直径为 16 cm,最小直径约为 16 cm×0.4=6.4 cm,则起测径阶可定为 6 cm。

一般,天然成、过熟林,起测径阶定为 8 cm,中龄林定为 4 cm,人工幼林为 1 cm 或 2 cm。

(3)划分材质等级。材质等级可说明林木的利用价值。每木调查时,不仅要按树种记载,而且要按材质进行统计。材质划分是按树干可利用部分的长度及干形弯曲,双叉、多节、机械损伤等缺陷,进行林木利用价值的划分。一般来说,林木可划分为经济用材树、半经济用材树和薪材树 3 类。具体材质标准如下:

①用材部分长度占全高 40%以上者为经济用材树。

②用材部分长度在 2 m(针叶树)或 1 m(阔叶树)以上,但不足全高 40%者为半经济用材树。

③用材部分长度在 2 m(针叶树)或 1 m(阔叶树)以下者为薪材树。

(4)每木检尺应分树种、年龄世代、材质等级和径阶进行调查记载。量测时应注意:

①测者从标准地一端开始,由坡上方沿等高线按"S"形路线向坡下方进行检尺。

②用整化径阶的轮尺或围尺测定每株树木离根颈 1.3 m 高处的直径(胸径)。在坡地,应站在坡上方测定。1.3 m 以下的分叉树应视为 2 株,分别进行每木检尺。

③使用轮尺时,必须与树干垂直且拉紧。若遇干形不规则的林木,应垂直测定 2 个方向的直径或量测胸径上、下两个部位的直径,取其平均值。

④本着一边取另一边舍的原则,测定正好位于标准地境界线上的林木。

⑤防止重测或漏测。每木检尺时,至少 2 人组成一组,1 人量测直径,1 人记录。测者每测定一株树,应高声报出该树的树种、材质等级和直径大小,记录者应同声回报,并及时在每木调查表的相应栏中作一记号,用正字表示。示例见表 5-1。

⑥计算平均直径。每木检尺结束后按式(5-1)计算平均直径。示例见表 5-1。

$$D_g = \sqrt{\frac{1}{n}\sum_{i=1}^{k} n_i d_i^2} \tag{5-1}$$

式中　k——径阶个数;

n_i——第 i 径阶株数;

n——总株数。

表 5-1 每木调查表

径阶	树种:白桦					枯立木
	活立木					
	用材树	半用材树	薪材树	株数小计/株	断面积合计/m^2	
4	下			3	0.0038	
6	正正正正正丅	正正	丅	39	0.1103	
8	正正正正正正正正丅	正	下	50	0.2513	
10	正正正正正正正正正正正正止	丅	下	69	0.5419	
12	正正正正正正正正正正正正正正正	正	一	81	0.9161	
14	正正正正正正正正正正	下	止	57	0.8774	
16	正正正正正丅		一	28	0.5630	
18	正正			10	0.2545	
20	丅			2	0.0628	
22						
24						
合计	300	25	14	339	3.5811	
平均断面积	$G/N=\frac{3.5811}{339}=0.01056\ m^2$					
平均胸径	$D_g=11.6$ cm					

注:引自北京林业大学.测树学[M].北京:中国林业出版社,1987.

标准地调查表如表 5-2 所示,每木检尺调查表如表 5-3 所示。

表 5-2 标准地调查表

<table>
<tr><td rowspan="2">______林业局______林场
______林 班______小班</td><td rowspan="2">树种</td><td rowspan="2">起源</td><td rowspan="2">平均
年龄</td><td rowspan="2">平均
直径</td><td rowspan="2">平均
树高</td><td rowspan="2">优势
木高</td><td rowspan="2">地位
指数</td><td rowspan="2">树种
组成</td><td rowspan="2">郁闭
度</td><td colspan="2">蓄积量</td><td colspan="3" rowspan="2">材种出材量</td><td rowspan="2">材积
生长</td></tr>
<tr><td>活立木</td><td>枯立木</td></tr>
<tr><td>标准地详细位置
(GPS 定位):</td><td></td><td></td><td></td><td></td><td></td><td></td><td></td><td></td><td></td><td></td><td></td><td></td><td></td><td></td><td></td></tr>
<tr><td>东经:</td><td></td><td></td><td></td><td></td><td></td><td></td><td></td><td></td><td></td><td></td><td></td><td></td><td></td><td></td><td></td></tr>
<tr><td>北纬:</td><td></td><td></td><td></td><td></td><td></td><td></td><td></td><td></td><td></td><td></td><td></td><td></td><td></td><td></td><td></td></tr>
</table>

<table>
<tr><td rowspan="12">标准地略图:[在图上注明各边之方位角及边长(m),指北方向]</td><td colspan="3">环境因子调查记录</td></tr>
<tr><td>项目</td><td>分级</td><td>实测值</td></tr>
<tr><td>土壤名称</td><td></td><td></td></tr>
<tr><td>土壤厚度/cm</td><td><30、30~50、51~80、>80</td><td></td></tr>
<tr><td>A 层厚度/cm</td><td><15、15~25、>25</td><td></td></tr>
<tr><td>石砾含量(%)(>0.5m)</td><td><25、25~50、>50</td><td></td></tr>
<tr><td>坡度</td><td><5°、5°~15°、16°~25°、>25°</td><td></td></tr>
<tr><td>坡向</td><td>阴、阳、半阴、半阳</td><td></td></tr>
<tr><td>坡位</td><td>脊、上、中、下、平</td><td></td></tr>
<tr><td>地形</td><td>山坡、山脊、平地、谷底</td><td></td></tr>
<tr><td>海拔</td><td></td><td></td></tr>
<tr><td>其他</td><td></td><td></td></tr>
<tr><td>标准地面积:　　hm²</td><td>郁闭度测定</td><td>对角线总长或对角线上树冠冠幅总长</td><td></td></tr>
</table>

表 5－3　每木检尺调查表

林分类型：　　　样地编号：　　　林场：　　　林班：　　　小班：　　　调查时间：　　　记录人：

样木编号	树种	起源	坐标 x	坐标 y	胸径/cm	树高/m	第一活枝高/m	冠长/m	冠幅(南)/m	冠幅(北)/m	冠幅(东)/m	冠幅(西)/m	平均冠幅/m

第6章 林分蓄积量测定

林分中全部林木的材积和称为林分蓄积量。在森林调查和森林经营工作中,林分蓄积量常用单位面积蓄积量表示。蓄积量是鉴定森林数量的主要指标,单位面积蓄积量的大小标志着林地生产力的高低及经营措施效果的好坏。另外,在森林资源中,经济利用价值最大的仍是木材资源。因此,林分蓄积量的测定是林分调查主要目的之一,它为森林经营和采伐利用提供了重要的数量依据。

6.1 标准木法

用标准木法测定林分蓄积量,是以标准地内指定林木的平均材积为依据的。这种指定林木平均材积的树木称为标准木。根据标准木的平均材积推算林分蓄积量的方法称为标准木法。在没有适用的调查数表或调查数表不能满足精度要求的条件下,它是一种简便易行的测定林分蓄积量的方法。

用标准木法推算林分蓄积量时,除需认真量测面积和测树工作外,选取好标准木至关重要。在实际工作中,一般依据林分平均直径、平均高且要求干形中等3个条件选取标准木,即标准木应具有林木材积三要素的平均标志值。其中,要求干形中等最难掌握,且因林木材积三要素是互不独立的,这就更增加了选定标准木的难度。基于调查目的和精度要求不同,标准木法可分为单级标准木法和分级标准木法两类。这两类方法的主要区别是标准木所代表的径阶范围及株数分配不同。一般说来,增加标准木的株数可提高蓄积量测定精度,但若标准木选择不当,增加标准木株数也不一定能提高精度。

6.1.1 学习目的

掌握用标准木法测定林分蓄积量。

6.1.2 仪器及用具

标准地调查数据、计算机、材积模型、统计表等。

6.1.3　方法与步骤

1. 平均标准木法

平均标准木法又称单级标准木法，是不分级求标准木材积的方法，其步骤如下：

(1)测设标准地，并进行标准地调查。

(2)根据标准地每木检尺结果，计算出平均直径，并在树高曲线上查定林分平均高。

(3)寻找1～3株与林分平均直径和平均高相接近(一般要求相差在±5%以下)且干形中等的林木作为平均标准木，伐倒并用区分求积法测算其材积，或不伐倒而采用立木区分求积法计算材积。

(4)按式(6-1)求算标准地(或林分)蓄积量，再按标准地(或林分)面积把蓄积量换算为单位面积蓄积量(m^3/hm^2)，算例如表6-1所示。

$$M = \sum_{i=1}^{n} v_i \frac{G}{\sum_{i=1}^{n} g_i} \tag{6-1}$$

式中　n——标准木株数；

v_i——第 i 株标准木的材积；

g_i——第 i 株标准木的断面积；

G——标准地总断面积；

M——林分蓄积量。

表6-1　平均标准木法计算蓄积量

径阶	株数/株	断面积/m²	标准木				
			编号	胸径/m	树高/m	断面积/m²	材积/m³
8	14	0.0704	1	23.5	22.5	0.04337	0.4503
12	27	0.3054	2	23.5	23.2	0.04337	0.4455
16	25	0.5027					
20	28	0.8796					
24	24	1.0857					
28	26	1.6010					
32	9	0.7238					
36	7	0.7125					
40	1	0.1257					
44	3	0.4562					
48	2	0.3619					
52	1	0.2124					
合计	167	7.0373				0.08674	0.8958

2. 分级标准木法

为提高蓄积量测算精度，可采用分级标准木法。先将标准地全部林木分为若干个径级（每个径级包括几个径阶），在各级中按平均标准木法测算蓄积量，而后叠加得到总蓄积量，计算公式为

$$M=\sum_{i=1}^{K}\left[\sum_{j=1}^{n_i} v_{ij}\ \frac{G_i}{\sum\limits_{j=1}^{n_i} g_{ij}}\right] \tag{6-2}$$

式中 n_i——第 i 级中标准木株数；

K——分级级数（$i=1,2,\cdots,k$）；

G_i——第 i 级的断面积；

v_{ij}——第 i 级第 j 株标准木的材积；

g_{ij}——第 i 级第 j 株标准木的断面积。

分级标准木法的种类很多，现介绍 3 种常用方法。

(1)等株径级标准木法。

等株径级标准木法由乌里希首先提出。该法是将每木检尺结果依径阶顺序，将林木分为株数基本相等的 3～5 个径级，分径级选标准木测算各径级材积，各径级材积叠加即得标准地蓄积量。算例如表 6－2 所示。

表 6－2　等株径级标准木法计算蓄积量

径级	径阶	株数	断面积/m²	平均标志	标准木大小	推算蓄积量/m³
Ⅰ	8	14	0.0704	g=0.01210(m³) D=12.4(cm) H=1.61(cm)	d=12.5(cm) g=0.01227(m²) h=15.7(m) V=0.1161(m³)	M=0.6774×0.1161÷0.01227=6.4096
	12	27	0.3054			
	16	15	0.3016			
	小计	56	0.6774			
Ⅱ	16	10	0.2011	g=0.03384(m³) D=20.8(cm) H=21.9(m)	d=20.8(cm) g=0.03398(m²) h=21.9(m) V=0.3723(m³)	M=1.8950×0.3723÷0.03398=20.7625
	20	28	0.8796			
	24	18	0.8143			
	小计	56	1.8950			
Ⅲ	24	6	0.2714	g=0.08118(m³) D=32.1(cm) H=26.0(m)	d=32.0(cm) g=0.08042(m²) h=26.9(m) V=0.8638(m³)	M=4.4649×0.8638÷0.08042=47.9580
	28	26	1.6010			
	32	9	0.7238			
	36	7	0.7125			
	40	1	0.1257			
	44	3	0.4562			
	48	2	0.3619			
	52	1	0.2124			
	小计	55	4.4649			
合计		167	7.0373			75.1301

(2)等断面积径级标准木法。

等断面积径级标准木法由哈尔蒂希首先提出。它是依径阶顺序，将林木分为断面积基本相等的3～5个径级，分径级选标准木进行各径级材积测算，各径级材积叠加即得标准地蓄积量。算例如表6-3所示。

表6-3　等断面积径级标准木法计算蓄积量

径级	径阶	株数	断面积/m^2	平均标志	标准木大小	推算蓄积量/m^3
Ⅰ	8	14	0.0704	$g=0.02193(m^3)$ $D=16.7(cm)$ $H=19.4(m)$	$d=16.9(cm)$ $g=0.02243(m^2)$ $h=17.2(m)$ $V=0.2071(m^3)$	$M=2.3462\times0.2071\div$ $0.02243=21.6629$
	12	27	0.3054			
	16	25	0.5027			
	20	28	0.8796			
	24	13	0.5881			
	小计	107	2.3462			
Ⅱ	24	11	0.4976	$g=0.05850(m^3)$ $D=27.3(cm)$ $H=24.8(m)$	$d=27.6(cm)$ $g=0.05983(m^2)$ $h=24.9(m)$ $V=0.7008(m^3)$	$M=2.3399\times0.7008\div$ $0.05983=27.4077$
	28	26	1.6010			
	32	3	0.2413			
	小计	40	2.3399			

(3)径阶等比标准木法。

径阶等比标准木法由德劳特提出。其步骤是先确定标准木占林木总株数的百分比(一般取10%)；再根据每木检尺结果，按比例确定每个径阶应选的标准木株数(两端径阶株数较少，可合并到相邻径阶)；然后根据各径阶平均标准木的材积推算该径阶材积，最后各径阶材积相加得到标准地蓄积量。计算公式为

$$M=V_1n_1+V_2n_2+\cdots+V_Kn_K=\sum_{i=1}^{K}V_in_i \qquad (6-3)$$

式中　V_i——材积曲线或材积直线上读出的第i径阶单株材积；

n_i——相应径阶的检尺木株数。

径阶等比标准木法相当于为标准地编制一份临时的一元材积表。

6.2　立木材积表法

立木材积表是我国森林资源清查的重要工具之一，其主要包括一元材积表和二元材积表，其中一元材积表又分为胸径一元表和地径一元表。通过一元材积表或二元材积表可计算立木材积进而求得林木蓄积量，即区域内活立木的材积总和。立木材积是反映单株木体积的指标，立木材积的变化是该地区森林生态变化、健康状况和森林经营利用最重要的反映。

6.2.1 学习目的

(1)掌握利用一元材积表测定林分蓄积量。

(2)掌握利用二元材积表测定林分蓄积量。

(3)了解一元材积表与二元材积表计算林分蓄积量之间的关系。

6.2.2 仪器及用具

一元材积表、二元材积表。

6.2.3 方法与步骤

1. 一元材积表

根据外业每木检尺得到各径阶株数,再查该树种的一元材积表,得到各个径阶的单株木材积,然后乘以各径阶株数,即得各径阶材积,将各径阶材积相加后,即得标准地蓄积量。

$$M = n_1 v_1 + n_2 v_2 + \cdots + n_n v_n \tag{6-4}$$

式中:$n_1, n_2, \cdots, n_n$为各径阶株数;$v_1, v_2, \cdots, v_n$为各径阶单株木材积。

2. 二元材积表

设置标准地并每木检尺得到各径阶株数,每个径阶测 3～5 株林木的树高,绘制树高曲线,在树高曲线图上查出各径阶树高,然后根据各径阶树高及直径查该树种的二元材积表,得出各径阶单株木平均材积,接着按式(6-4)计算标准地蓄积量,然后换算成每公顷蓄积量。

6.3 角规测树法

角规是以一定视角构成的林分测定工具。其应用时,按照既定视角在林分中有选择地计测为数不多的林木,就可以高效率地测定出有关林分调查因子。角规测树法是我国对这类方法的通用名称,国际上较为常用的名称有:角计数调查法、角计数样地法、无样地抽样、可变样地法、点抽样、线抽样等。角规测树理论严谨,方法简便易行,只要严格按照技术要求操作,便能取得满意的调查结果。因此,角规测树是一种高效、准确的测定技术。

6.3.1 学习目的

(1)熟悉不同种类角规的基本构造、工作原理及使用方法。

(2)基于常用角规仪器,掌握林分断面积、蓄积量及林分密度测算技术与方法。

6.3.2 仪器及用具

自平杆式角规、林分速测镜、望远速测镜、三脚架、卷尺、胸径尺、记录表、文件夹等。

6.3.3 方法与步骤

1. 角规测定选择

角规种类较多，但其工作原理基本相同。本节重点介绍由南通光学仪器厂生产的 LZG-1 型自平杆式角规，自平杆式角规在简易杆式角规的基础上作了两点重大改进。首先，角规改为杆长可变，具有两种比例的不锈钢拉杆，不用时拉杆可套缩起来，便于携带；使用时，按照选定的断面积系数的要求，将拉杆拉到规定的长度，即可观测使用。其次，具有自动改正坡度的功能，即将角规一端的金属片缺口改为可在上下垂直方向上能自由转动的半圆形金属曲线缺口圈，圈的下端附有一个较重的平衡座，以保证金属缺口圈始终与地面呈垂直状态。在角规拉杆呈水平状态时，金属圈内与角规杆先端截口相切处的缺口宽度为 1 cm，对应的拉杆长度为 50 cm，即断面积系数 $F_g=1$。当坡度为 θ 时，拉杆与坡面平行，其倾斜角度也为 θ，金属圈也相应转动 θ，金属圈内的缺口宽度 l 相应变窄，即 $l\cdot\cos\theta$ 值。用此角规观测时，可依每株树干胸高与观测者立于样点处的眼高之间形成倾斜角 θ 逐株自动进行坡度改正，所计数的树木株数就是改正成水平状态后的计数值，然后再乘以断面积系数，即得到林分每公顷胸高总断面积。本仪器观测的方便程度基本上同于简易杆式角规，但却能自动改正坡度，颇为实用。其具体形状如图 6-1 所示。

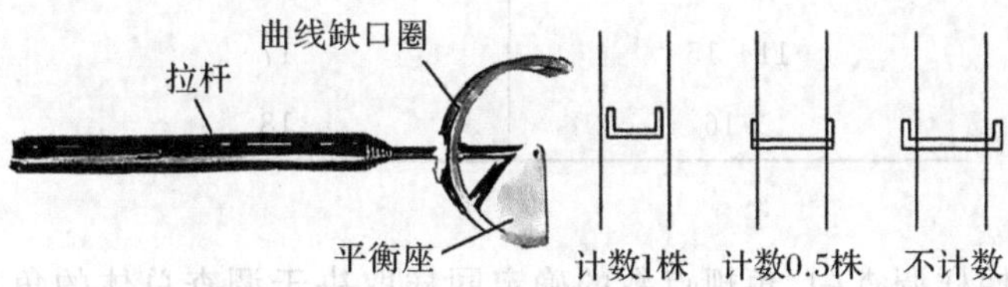

图 6-1　自平杆式角规构造及计数方法

2. 断面积系数确定

断面积系数愈小，计数木株数愈多，精度也相应越高。但因其观测最大距离较大，疑难的边界树和被遮挡树也会增多，从而影响工效并容易出错。如选用大断面积系数，其优缺点恰好相反。因此，我们要根据林分平均直径大小、疏密度、通视条件及林木分布状况等林分特征因子，选用适当大小的断面积系数(见表 6-4)。

表 6-4　林分特征与选用断面积系数参照表

林分特征	$F_g/(m^2/hm^2)$
平均直径 8～16 cm 的中龄林，任意平均直径但疏密度为 0.3～0.5 的林分	0.5
平均直径 17～28 cm，疏密度为 0.6～1.0 的中、近熟林	1.0
平均直径 28 cm 以上，疏密度 0.8 以上的成、过熟林	2.0 或 4.0

选用 F_g 时应特别注意，对不同林分可采用不同的 F_g 值，但对于以一定森林面积作为调查总体的森林抽样调查，在一个总体内必须采用同一个 F_g 值，否则会由于抽样强度不同而使总体估计值产生偏差。我国常采用的断面积系数 F_g 为 1 m^2/hm^2 或 2 m^2/hm^2。

3. **角规点数的确定**

在林分调查时，如果采用典型取样，可参考表 6-5 中规定的角规点数，且每个角规点的位置要选定对林分有代表性的位置，避免在过疏或过密处设置角规点。

表 6-5　林分调查角规点数的确定(F_g=1 m^2/hm^2)

林分面积/hm^2	角规点数/个
1	5
2	7
3	9
4	11
5	12
6	14
7～8	15
9～10	16
11～15	17
≥16	18

在大面积森林抽样调查中，角规点数的确定同样取决于调查总体的角规计数木株数变动系数(见表 6-6)和调查精度要求。

表 6-6　角规计数木株数的变动系数

林分	平均直径/cm	角规点数/个	角规计数木株数的变动系数/%	资料来源
落叶松天然林	20.6	225	33.7	北京林业大学
落叶松天然林	17.0	169	27.7	北京林业大学
白桦天然林	19.8	169	35.6	北京林业大学
白皮松天然林	10.8	529	10.3	北京林业大学
黄山松天然林	14.3	30	33.0	河南农业大学
落叶松天然林	6.0	625	48.7	北京林业大学

4. **角规绕测技术**

采用角规测器在角规点绕测 360°是最常用的方法，该方法最简单，但必须严格要求，认真操作，才能保证精度。绕测时，必须注意以下几点：

(1)测器接触眼睛的一端,必须使之位于角规点的垂直线上。在人体旋转360°时,要注意不要发生位移。

(2)角规点的位置不能随意移动。如待测树干胸高部位被树枝或灌木遮挡时,可先观测树干胸高以上未被遮挡的部分,如相切即可计数1株,否则需将树枝或灌木砍除;如被大树遮挡不便砍除而不得不移动位置时,要使移动后的位点到被测树干中心的距离与未移动前相等,测完被遮挡树干后仍返回原点位继续观测其他树木。

(3)要记住第一株绕测树,最好作出标记,以免漏测或重测。必要时,可采取正反绕测两次取两次观测平均数的办法。

(4)仔细判断临界树。与角规视角明显相割或相余的树是容易确定的,而接近相切的临界树往往难以判断,需要通过实测确定。

5. **角规控制检尺**

在需要精确测定或者复查确定林木动态变化时,可采用角规控制检尺方法。根据选定的断面积系数,用围尺测出树干胸高直径,用皮尺测出树干中心到角规点的水平距离S,并根据水平距离S与该树木的样圆半径R的大小确定计数木株数。

树干胸径d、样圆半径R和断面积系数F_g之间的关系为

$$R = \frac{50}{\sqrt{F_g}}d \tag{6-5}$$

由此式可知:

$F_g=0.5$时,$R=70.70\ d$;

$F_g=1$时,$R=50\ d$;

$F_g=2$时,$R=35.35\ d$;

$F_g=4$时,$R=25\ d$。

这样,只要测量出树木胸径d及树木距角规点的实际水平距离S,根据选用的断面积系数F_g,利用式(6-5)计算出该树木的样圆半径R,则可视S与R值的大小关系作出计数木株数的判定,即

当$S<R$时,计为1株;

当$S=R$时,计为0.5株;

当$S>R$时,不计数。

6. **边界样点的确定**

在典型取样调查时,角规点不要选在靠近林缘处,如靠近林缘,则绕测一周时,样圆的一部分会落到所调查的林分之外。角规点到林缘的最小距离L要大于由式(6-5)计算得到的R,此时式中的d应是林分中最粗树木的直径。

在随机抽样调查中,样点位置是随机确定的,必会有一些样点落在调查总体内但靠近林缘的位置,且不能人为主观地随意移动点位。如边界变化复杂,可根据现地具体情况,绕测30°、

60°、90°或 120°，再把计数株数分别乘以 12、6、4、3。由于总体上落在靠近边界的样点数相对较少，因此这样做对总体估计不会产生大的影响。

7. 用角规测定计算蓄积量

(1)利用一元材积表(形高表)。

一个角规点上林分蓄积量为

$$M = F_g \cdot \sum_{j=1}^{K} Z_i \cdot fh_j \tag{6-6}$$

式中 M——一个角规点上的林分蓄积量；

K——控制检尺径阶个数；

F_g——断面积系数；

Z_i——第 i 个径阶绕测计数和；

fh_j——第 j 个径阶的形高值。

当坡度＞5°时，改正后的蓄积量为

$$M = F_g \cdot \sec\theta \cdot \sum_{j=1}^{K} Z_j \cdot fh_{ij} \tag{6-7}$$

式中 $\sec\theta$——坡度的正割值；

fh_{ij}——第 i 个径阶在第 j 个角规点的形高值。

当设置 n 个角规点时，平均每公顷蓄积量为

$$M = \frac{F_g}{n} \cdot \sum_{i=1}^{n}\sum_{j=1}^{K} Z_{ij} \cdot fh_{ij} \tag{6-8}$$

式中 n——角规点的数量；

Z_{ij}——第 i 个角规点上第 j 个径阶的绕测计数和。

(2)利用标准表法。

已知用角规测定林分每公顷林木的胸高断面积为 $G=F_g \cdot Z$。

根据角规点上测得的林分平均高，选择适合当地的标准表，即可迅速计算林分每公顷蓄积量：

$$M = G \cdot (\overline{Hf}) = F_g \cdot Z \cdot \frac{M_{标}}{G_{标}} \tag{6-9}$$

式中 M——林分蓄积量；

G——用角规测定的林分每公顷林木的胸高断面积；

F_g——断面积系数；

Z——角规点上绕测计数和；

$\overline{Hf}$——林分平均高；

$M_{标}$——在标准表上查得的蓄积量；

$G_{标}$——在标准表上查得的断面积。

(3)利用平均形数。

$$M = G \cdot (\overline{Hf}) = F_g \cdot Z \cdot \overline{H} \cdot \overline{f} \tag{6-10}$$

或

$$M = G \cdot (\overline{H}+3) f_3 = F_g \cdot Z \cdot (\overline{H}+3) \cdot f_3 \tag{6-11}$$

式中　M——林分蓄积量；

G——用角规测定的林分每公顷林木的胸高断面积；

F_g——断面积系数；

$\overline{Hf}$——林分平均高；

$\overline{H}$——平均树高；

Z——角规点上绕测计数和；

$\overline{f}$——平均形数，可由平均形数表查出；

f_3——实验形数。

第7章 生物量测定

生物量是指在一定时间内有机体或群落积累的有机质总量，通常以单位面积或单位时间积累的干物质量或能量来表示。在研究森林生态系统结构与功能、生产力和生产潜力评价、物质循环和能量流动、碳循环和气候变化影响与适应中，生物量具有重要意义。然而，不同器官生物量及其分配规律通常会受到自然因素（光合作用、呼吸作用、枯损与生长等）和人为因素（采伐、修枝等）的影响，因此，世界各国越来越重视对森林生物量的估计、监测和评价，其中生物量建模是一项重要的基础工作。在树木生长过程中，各器官生物量生长均呈现异速生长规律，并在生态学和应用环境学研究中广泛应用。不同器官生物量与其分配是表征立木生长过程的重要指标，对了解树木变异、预测林火、了解木材生产及养分循环等具有重要作用，因此对立木不同器官生物量估计及其分配的研究是必需的。

生物量既能表明森林的经营水平和开发利用的价值，同时又反映了森林与其环境在物质循环和能量流动上的复杂关系。树木生物量受到诸如林龄、密度、立地条件和经营措施的影响，其变动幅度较大。同一林分内，即使胸径和树高相同的林木，其树冠大小、尖削度及单位材积干物质质量也不相同。因此，采取有效的方法调查森林生物量，显然是精准提升森林质量的一项重要工作。

7.1 本章学习目的

本章的学习目的如下：

(1)掌握单株树木主要器官生物量的调查与测定方法。

(2)掌握灌木及草本植物生物量测定方法。

(3)了解回归估计法在估算生物量中的应用。

7.2 仪器及用具

本章使用的仪器及用具如下：

轮尺（或胸径尺）、测高器、油锯、手锯、砍刀、卷尺、杆秤、天平、纸袋、记录表、记录板、铅笔、橡皮擦、计算器等。

7.3 方法与步骤

生物量测定方法主要包括树木生物量测定方法及林分生物量测定方法。树木生物量测定方法主要是不同器官生物量的测定方法，而林分生物量测定方法通常采用皆伐实测法、标准木法、回归估计法、光合作用测定法、CO_2测定法及以遥感技术为基础的估计方法。

树木生物量可以分为地下及地上两个部分。地下部分是指树根系的生物量；地上部分主要包括树干生物量、树枝生物量和树叶生物量。在生物量的测定中，除称量各部分生物量的干重外，有时还要计算它们占全树总生物量干重的百分数，此百分数称为分配比。树干占地上部分的分配比最大（一般为65%～70%），而枝、叶部分的分配比各约占15%。

树木在自然状态下含水时的质量称为鲜重，它是指砍伐后立即称量的质量。干燥后去掉结晶水的质量称为干重。在外业调查中，只能测得树木的鲜重，然后采用各种方法将鲜重换算为干重。其中，最常用的换算方法是计算树木的干重比P_W，即$P_W = W_{干}/W_{鲜}$，$W_{干} = W_{鲜} \times P_W$，P_W可用取样测定方法获得。

7.3.1 树木生物量测定

1. 树干生物量测定

1）木材密度法

木材密度是指单位体积木材的质量，即物质的质量与体积之比值（单位：g/cm^3或kg/m^3）。根据含水状况不同，木材密度通常分为四种：基本密度、生材密度、气干密度和绝干密度。

基本密度＝绝干材质量/生材（或饱和水）体积

生材密度＝生材质量/生材（或饱和水）体积

气干密度＝气干材质量/气干材体积

绝干密度＝绝干材重/绝干材体积

以上四种木材密度以基本密度和气干密度两种最为常用。基本密度常用于树干干重的计算，气干密度是指木材在特定含水率下的重量与体积之比。通常，木材的气干密度是在含水率为8%～20%时测定的，我国规定含水率为12%时的密度为气干密度。我国常将木材气干密度作为材性比较和生产应用的基本依据。

木材密度测定方法通常有直接量测法、水银测容器法、排水法、快速测定法和饱和含水率法。在木材密度已知的条件下，计算树干及大枝干重的方法一般称为木材密度法，常采用以下两种基本模式：

$$木材干重 = 木材体积 \times 基本密度 \tag{7-1}$$

$$木材干重 = 木材体积 \times 绝干密度 \times 绝干收缩率 \tag{7-2}$$

由于式(7－2)中的绝干收缩率不易确定，因此，多采用式(7－1)来完成数据整理及记录工作。

2)全称重法

所谓全称重法就是将树木伐倒后，摘除全部枝叶称其树干鲜重，采样烘干得到样品干重与鲜重之比(P_W)，从而计算样木树干的干重。这种方法是测定树木干重最基本的方法，它的工作量极大，但获得的数据更为真实可靠。

采用干重比法，根据平均标准木法、分级标准木法、径阶等比标准木法等确定标准木或样木，利用树干解析的方法将确定的标准木或样木的树干分为若干区分段，观测各区分段长度及鲜重，并从各区分段中央位置截取圆盘，观测圆盘鲜重及材积，记录测量结果。合计各区分段鲜重，即为树干的总鲜重。

将所有圆盘装入塑料袋取回，把试样放入烘箱干燥，一般在 105 ℃条件下，经 6 h 取出称重，如两次重量不等，再放入烘箱烘干，经 6 h 后取出称重，直到绝干状态。算出每个试样以鲜重为基础的含水率(或干重与鲜重之比)，再通过干重比(干重与鲜重之比值P_W)，把鲜重换算成绝干重。

$$W_{干} = W_{鲜} \times P_W \tag{7-3}$$

式中 P_W——样品干重与鲜重之比；

$W_{鲜}$——样品鲜重；

$W_{干}$——样品干重。

2.枝、叶生物量测定

测定树木枝、叶生物量主要有两种方法：标准枝法和全称重法。所谓标准枝法，是指在树木上选择具有平均树枝基径与平均枝长的枝条，观测其枝、叶重，用于推算整株树枝、树叶的质量。根据标准枝的抽取方式，标准枝法又可分为平均标准枝法和分级标准枝法。

1)平均标准枝法

(1)树木伐倒后，测定所有树枝的基径和枝长，计算基径和枝长的算术平均值。

(2)以基径和枝长的算术平均值为标准，选择标准枝。标准枝的个数根据调查精度确定，同时要求标准枝上的叶量是中等水平。

(3)分别称其枝、叶鲜重，并取样品。

(4)按下式计算全树的枝重和叶重：

$$W = \frac{N}{n}\sum_{i=1}^{n} W_i \tag{7-4}$$

式中 N——全树的枝数；

n——标准枝数量；

W_i——标准枝的枝鲜重或叶鲜重；

W——全树的枝鲜重或叶鲜重。

2)分层标准枝法

当树冠上部与下部树枝的粗度、长度、叶量变动较大时,可将树冠分为上、中、下3层,在每一层抽取标准枝,根据每层标准枝算出各层枝、叶的鲜重质量,然后将各层枝、叶质量相加,得到树木枝、叶鲜重。由于将树冠分为上、中、下3层分别抽取标准枝,因此该方法能够较好地反映出树冠上、中、下枝和叶的质量,对树冠枝和叶的质量估计较平均标准枝法准确。另外,在测算过程中,可以通过烘干的方法,测得枝、叶生物量的干重。

3)全称重法

具体方法与树干生物量的全称重法相同。

3. 树根生物量测定

树根生物量的测定方法可分为两类:一类是测定一株或几株树木的根质量,以推算单位面积的生物量;另一类是测定已知面积内的根生物量,用面积换算为林分的生物量。前一种方法要求在根的伸展范围内,能明确区分出哪些根是应测定的;后一种方法则测定已知面积内全部根生物量,而不论它属于哪一株树。

1)取样方法

(1)全挖法:以所选样木树干基部为中心向四周辐射,将该样木所有根系挖出,并量测挖掘面积,称量挖出根系的鲜重,随后取样带回烘干,计算含水率,推算单位面积的生物量。

(2)设置样方法:以伐桩为中心作边长等于平均株距的正方形样方,在样方内依次作半径为1/4平均株距和1/2平均株距的同心圆,小圆的编号为"1",大圆编号为"2",样方的其他部分编号为"3";接着,将样方由地表向下垂直划分层次,各层次的厚度可以不相等,上层可较薄(10~15 cm),下面的层可较厚(30~50 cm)。各层的编号由上而下分别为Ⅰ,Ⅱ,Ⅲ,…。

2)树根分级

按树根直径的粗细将树根划分为粗根、大根、中根、小根、细根5级,如表7-1所示,中根(大于0.5 cm)以上全部称重;细根(小于0.2 cm)及小根(0.2~0.5 cm)的质量虽不大,但数量极多很容易遗漏,这时,可在样方内获取一定大小的土柱,在土柱内仔细称量这两类根的质量。

表7-1 树根分级

级别	直径/cm
细根	<0.2
小根	0.2~0.5
中根	>0.5~2.0
大根	>2.0~5.0
粗根	>5.0

3)根生物量的测定

从每个区划中仔细地挖出根，清除泥土，剔除多余的灌木及草本植物的根，然后按标准分级；小根及细根所带泥土较多，应放于土壤筛中筛去泥土；将清理后的根带回室内，用水冲洗阴干至初始状称鲜重，采样，在 65～85 ℃条件下烘干求得干重。

7.3.2 林分生物量测定

1. 灌木、草本生物量测定

灌木、草本生物量测定一般采用样方法，样方面积一般为 1 m×1 m，每个样地共设 9 个样方：样地中心 1 个，4 个角各 1 个，4 条边中间各 1 个。将每个样方内的所有幼树和灌木砍下，草本全部拔出，分别称重，然后相加得 9 个样方的灌木和草本重。最后，取样（幼树和灌木各 1000 g，草本 500 g）。取样时，要考虑到幼树、灌木及草本的大小。

在室内同样利用含水率法求出 9 个样方的灌木和草本的干重，然后除以 9 再乘以样地面积，即得整个样地的灌木和草本的生物量。

2. 回归估计法

回归估计法是以模拟林分内每株树木各分量（干、枝、叶、皮、根等）干物质质量为基础的一种估计方法。它是通过样本观测值建立树木各分量干重与树木其他测树因子之间的一个或一组数学表达式，该数学表达式也称林木生物量模型。表达式一定要尽量反映和表征树木各分量干重与其他测树因子之间的内在关系，从而达到用树木易测因子的调查结果来估计不易测因子的目的。回归估计法是林分生物量测定中经常采用的方法之一。

1)生物量模型构建

树木生物量异速生长模型的基本形式可描述为 $Y=\beta_0 X_1^{\beta_1}+\beta_1 X_2^{\beta_2}+\cdots+X_P^{\beta_P}+\varepsilon$，考虑到模型中自变量个数，通常把模型分为一元（胸径）、二元（胸径、树高）和多元（胸径、树高、冠幅、密度等）模型，其中二元生物量模型预测效果最好且自变量容易观测。因此，本书以二元生物量模型为基础模型进行研究。由于各器官生物量模型误差具有相关性，故利用非线性似不相关回归法进行参数估计要比普通最小二乘法更为准确，该方法不仅保证了各分量生物量模型的可加性（即生物量相容性），同时还考虑了各分量之间的相关性，模型表达式见式(7－5)。

$$\begin{cases} \omega_{gan} = a_1 \mathrm{DBH}^{a_2}\ H^{a_3} + \varepsilon \\ \omega_{zhi} = b_1 \mathrm{DBH}^{b_2}\ H^{b_3} + \varepsilon \\ \omega_{ye} = c_1 \mathrm{DBH}^{c_2}\ H^{c_3} + \varepsilon \\ \omega_{gen} = d_1 \mathrm{DBH}^{d_2}\ H^{d_3} + \varepsilon \\ \omega_1 = \omega_{gan} + \omega_{zhi} + \omega_{ye} + \omega_{gen} + \varepsilon \end{cases} \tag{7-5}$$

式中：ω_{gan}、ω_{zhi}、ω_{ye}、ω_{gen}、ω_1 分别表示单木的树干、树枝、树叶、树根及地上总生物量（kg/株）；DBH 为胸径（cm）；H 为树高（m）；a_i、b_i、c_i、d_i 为模型参数；ε 为误差项。

2)生物量分配预测模型

在回归分析中,若因变量是取值范围在(0,1)区间的比例数据,即因变量服从β分布,利用经典线性回归(普通最小二乘法和广义最小二乘法)进行预测研究时,由于比例数据之间存在异方差,其预测值通常在(0,1)区间之外,预测效果较差。利用β分布回归模型对因变量为比例的数据进行建模,能够克服以上问题且所产生的均方根误差和绝对偏差均较小。在林业相关研究中,常运用β分布回归模型来估计林冠郁闭度和灌木盖度。立木各器官生物量具有较大的相关关系,假设立木总生物量为1,各器官分配比例在(0,1)区间范围内,并服从β分布,其密度函数为

$$f(y,\mu,\varphi)=\frac{\Gamma(\varphi)}{\Gamma(\mu\varphi)\Gamma[(1-\varphi)\varphi]}y^{\mu\varphi-1}(1-y)^{(1-\mu)\varphi-1} \tag{7-6}$$

式中 $y\sim\beta(0,1)$;

φ——尺度参数,$\varphi>0$;

μ——平均参数,$0<\mu<1$;

$\Gamma(\cdot)$——伽马函数,因变量均值和方差可表示为$E(y)=\mu$,$\mathrm{var}(y)=[\mu(1-\mu)]/(1+\varphi)$。

假定$y_1,y_2,y_3,\cdots,y_n$为随机样本,$y_i\sim\beta(u_i,\varphi)$,$\beta$分布回归模型可写成:

$$g(\mu_i)=x_i\beta=\eta_i \tag{7-7}$$

式中 $g(\mu_i)$——连接函数;

x_i——p维变量;

β——回归系数。

多项 logistic 模型是在响应变量类别之间不存在序次关系时,基于最大似然估计法来预测各类别发生概率,多用于经济学领域概率估计,在生态学领域应用较少。本研究基于β分布的广义多项 logistic 模型来建立单木水平各器官生物量分配比例模型,保证器官生物量概率分布在(0,1)区间内且各项之和为1,不同器官生物量分配模型可用如下公式表示:

$$p_{\mathrm{gan}}=\frac{e^{a_1+a_2^{\,x}}}{1+e^{a_1+a_2^{\,x}}+e^{b_1+b_2^{\,x}}+e^{c_1+c_2^{\,x}}} \tag{7-8}$$

$$p_{\mathrm{zhi}}=\frac{e^{b_1+b_2^{\,x}}}{1+e^{a_1+a_2^{\,x}}+e^{b_1+b_2^{\,x}}+e^{c_1+c_2^{\,x}}} \tag{7-9}$$

$$p_{\mathrm{ye}}=\frac{e^{c_1+c_2^{\,x}}}{1+e^{a_1+a_2^{\,x}}+e^{b_1+b_2^{\,x}}+e^{c_1+c_2^{\,x}}} \tag{7-10}$$

$$p_{\mathrm{gen}}=\frac{1}{1+e^{a_1+a_2^{\,x}}+e^{b_1+b_2^{\,x}}+e^{c_1+c_2^{\,x}}} \tag{7-11}$$

式中:p_{gan}、p_{zhi}、p_{ye}、p_{gen}分别为树干、树枝、树叶、树根的生物量比例;a_i、b_i、c_i为模型参数;x为各器官生物量(kg/株)。

第8章 碳储量测定

碳储量是指植物通过光合作用将大气中的二氧化碳(CO_2)转化为有机物质,并将碳固定在植物体内的总量。森林作为陆地生态系统中最大的碳库,在维护全球碳平衡以及调节全球气候等方面具有不可替代的作用。要准确估算森林碳储量,首先就要对森林生物量进行准确的测定,这也是进行森林碳储量研究中最复杂的部分。如何及时、有效、准确无误地获取区域内或覆盖全国范围的长期连续的森林生物量和生产力资料,不仅是区域内森林生态系统管理和经营以及其发展的基础,也是一个国家较为准确估测其碳储量及其固碳潜力的数据支撑。当前对森林碳储量的估算方法包括:①生物量法;②样地实测调查与异速增长方程相结合方法;③基于森林资源清查资料的方法。

8.1 本章学习目的

本章的学习目的如下:

(1)了解和掌握植被碳储量与生物量的转换关系;

(2)了解和掌握植被碳储量估算方法。

8.2 仪器及用具

本章使用的仪器及用具如下:

轮尺(或胸径尺)、测高器、油锯、手锯、砍刀、卷尺、杆秤、天平、纸袋、记录表、记录板、铅笔、橡皮擦、计算器等。

8.3 方法与步骤

8.3.1 生物量法

森林生物量是森林在一定时空范围内生物个体或群体的有机质量,通常用干物质来表示。森林生物量包括地上活立木的生物量(干、枝、叶、茎、花果和种子等的总重量)、地下生物量(根和土壤)、凋落物生物量和林下植被层(草本和灌木等)的生物量。生物量法是对不同组分的各器官分别进行取样,将样品烘干称重,得到生物量,然后采用重铬酸钾氧化-外加热法测定相应器官的含碳量。碳储量是由生物量乘以含碳率计算得到的,计算公式如下:

$$C = W \cdot c \tag{8-1}$$

式中,C 为碳储量;W 为生物量;c 为含碳率。

将乔木、灌草、草本各器官及凋落物的生物量乘以其对应的含碳率,即得到各器官碳储量,植被层各组分的碳储量等于其各器官碳储量之和。

生物量法广泛应用于目前碳汇计量中,这种计算生物量的方法实施起来相对简单,比较适用于全国范围或者省级以上的森林资源清查。但这种测算方法的缺点是耗费人力和物力,而且对森林环境会造成破坏。

8.3.2 样地实测调查与异速增长方程相结合方法

植物在生长的过程中,其生物量和碳储量与立木的胸径和树高等形态学变量之间存在特定的数量关系,通过这种特定的数量关系,结合异速增长方程,便可以计算出植被的生物量。

1. 主要树种(组)立木生物量总体划分

2024 年 3 月,国家林业和草原局公布了我国《主要树种立木生物量模型与碳计量参数》(GB/T 43648—2024),其适用于全国范围内主要树种(组)林木生物量与碳储量的计量。本书依据《立木材积表》(LY/T 1353—1999)的区域范围,结合森林资源分布及起源状况,将以下 21 个主要树种(组)划分为 49 个总体,见表 8-1。

表 8-1 主要树种(组)立木生物量总体划分

序号	树种(组)	总体编号	总体范围
1	冷杉	Ⅰ	辽宁、吉林、黑龙江
2	冷杉	Ⅱ	陕西、甘肃、青海、宁夏、新疆
3	冷杉	Ⅲ	湖北、重庆、四川
4	冷杉	Ⅳ	广西、贵州、云南及南方其他省份冷杉分布区
5	冷杉	Ⅴ	西藏
6	云杉	Ⅰ	辽宁、吉林、黑龙江、内蒙古东部地区、北京、天津、河北
7	云杉	Ⅱ	陕西、甘肃、青海、宁夏、新疆(不含阿尔泰)、内蒙古中西部地区及山西
8	云杉	Ⅲ	新疆阿尔泰
9	云杉	Ⅳ	湖北、重庆、四川
10	云杉	Ⅴ	广西、贵州、云南及南方其他省份云杉分布区
11	云杉	Ⅵ	西藏
12	落叶松	Ⅰ	辽宁、吉林、黑龙江、内蒙古东部地区
13	落叶松	Ⅱ	北京、天津、河北、山西、内蒙古(不含东部地区)
14	落叶松	Ⅲ	陕西、甘肃、青海、宁夏、新疆
15	落叶松	Ⅳ	西南及南方其他省份落叶松分布区

续表

序号	树种(组)	总体编号	总体范围
16	马尾松	Ⅰ	除湖北、重庆、四川3省(市)以外的马尾松分布区
17	马尾松	Ⅱ	湖北、重庆、四川
18	油松		全国油松分布区
19	云南松		全国云南松分布区
20	思茅松		全国思茅松分布区
21	高山松		全国高山松分布区
22	黄山松		全国黄山松分布区
23	樟子松		全国樟子松分布区
24	湿地松		全国湿地松分布区
25	柏木	Ⅰ	北京、天津、河北、山西、内蒙古、辽宁、吉林、黑龙江
26	柏木	Ⅱ	陕西、甘肃、青海、宁夏、新疆
27	柏木	Ⅲ	四川、云南、西藏
28	柏木	Ⅳ	南方其他省份柏木分布区
29	杉木	Ⅰ	除福建、江西2省以外杉木分布区
30	杉木	Ⅱ	福建、江西
31	柳杉		全国柳杉分布区
32	栎树	Ⅰ	辽宁、吉林、黑龙江、内蒙古东部地区
33	栎树	Ⅱ	北京、天津、河北、山西、内蒙古(不含东部地区)、陕西、甘肃、青海、宁夏、新疆
34	栎树	Ⅲ	四川、云南、西藏
35	栎树	Ⅳ	南方其他省份栎树分布区
36	桦树	Ⅰ	辽宁、吉林、黑龙江、内蒙古东部地区白桦
37	桦树	Ⅱ	辽宁、吉林、黑龙江、内蒙古东部地区除白桦外的其他桦树
38	桦树	Ⅲ	北京、天津、河北、山西、内蒙古(不含东部地区)、陕西、甘肃、青海、宁夏、新疆
39	桦树	Ⅳ	西南及南方其他省份桦树分布区
40	杨树	Ⅰ	辽宁、吉林、黑龙江、内蒙古东部地区天然杨树
41	杨树	Ⅱ	北京、天津、河北、山西、内蒙古(不含东部地区)、陕西、甘肃、青海、宁夏、新疆天然杨树
42	杨树	Ⅲ	西南及南方其他省份天然杨树
43	杨树	Ⅳ	辽宁、吉林、黑龙江、内蒙古东部地区人工杨树
44	杨树	Ⅴ	北京、天津、河北、山西、内蒙古(不含东部地区)、陕西、甘肃、青海、宁夏、新疆人工杨树
45	杨树	Ⅵ	西南及南方其他省份人工杨树
46	椴树		全国椴树分布区
47	榆树		全国榆树分布区
48	木荷		全国木荷分布区
49	枫香		全国枫香分布区

注:内蒙古东部地区指呼伦贝尔市、兴安盟,中部地区指呼和浩特市、乌兰察布市、锡林郭勒盟、赤峰市、通辽市,西部地区指阿拉善盟、巴彦淖尔市、乌海市、鄂尔多斯市、包头市。柏木除包括柏木属以外,还包括侧柏、圆柏、扁柏等所有柏科树种。栎树除包括栎属树种以外,还包括青冈属、栗属、锥属等所有壳斗科树种。

2. 具体模型

1)地上生物量模型

(1)模型。一元和二元地上生物量模型分别见式(8-2)和式(8-3)。

$$M_A = a_0 D^{a_1} \quad (8-2)$$

$$M_A = a_0 D^{a_1} H^{a_2} \quad (8-3)$$

式中 M_A——地上生物量估计值,单位为千克(kg);

a_0、a_1、a_2——模型参数;

D——林木胸径,单位为厘米(cm);

H——林木树高,单位为米(m)。

(2)模型参数值。主要树种(组)及其不同总体的一元和二元地上生物量模型的参数值见表8-2和表8-3。

表8-2 主要树种(组)地上生物量模型的参数值(适用于 $D \geqslant 5.0$ cm)

序号	树种(组)	总体	一元模型参数值		二元模型参数值		
			a_0	a_1	a_0	a_1	a_2
1	冷杉	Ⅰ	0.09088	2.41762	0.06945	2.05753	0.50839
2	冷杉	Ⅱ	0.09751	2.42878	0.07451	2.05753	0.50839
3	冷杉	Ⅲ	0.08486	2.40985	0.06484	2.05753	0.50839
4	冷杉	Ⅳ	0.08108	2.41049	0.06127	2.05753	0.50839
5	冷杉	Ⅴ	0.08116	2.42411	0.06202	2.05753	0.50839
6	云杉	Ⅰ	0.09307	2.43215	0.08070	2.25957	0.25663
7	云杉	Ⅱ	0.14865	2.28906	0.12890	2.09828	0.25663
8	云杉	Ⅲ	0.15559	2.25877	0.13492	2.07331	0.25663
9	云杉	Ⅳ	0.12961	2.30961	0.11239	2.12257	0.25663
10	云杉	Ⅴ	0.10554	2.38926	0.09152	2.21060	0.25663
11	云杉	Ⅵ	0.18143	2.21804	0.15732	2.03623	0.25663
12	落叶松	Ⅰ	0.11270	2.39582	0.06848	2.01549	0.59146
13	落叶松	Ⅱ	0.07302	2.47298	0.06233	2.01549	0.59146
14	落叶松	Ⅲ	0.11795	2.33612	0.05851	2.01549	0.59146
15	落叶松	Ⅳ	0.11161	2.32803	0.05577	2.01549	0.59146
16	马尾松	Ⅰ	0.09949	2.40859	0.06662	2.09317	0.49763
17	马尾松	Ⅱ	0.13792	2.34359	0.09235	2.02817	0.49763
18	油松		0.086112	2.46157	0.067765	2.18050	0.43610
19	云南松		0.094922	2.35667	0.070231	2.10392	0.41120
20	思茅松		0.027424	2.80363	0.021058	2.52398	0.41634

续表

序号	树种(组)	总体	一元模型参数值		二元模型参数值		
			a_0	a_1	a_0	a_1	a_2
21	高山松		0.10387	2.37122	0.089398	2.19183	0.27467
22	黄山松		0.09421	2.41667	0.05952	2.12183	0.52375
23	樟子松		0.07599	2.42539	0.05460	2.23412	0.34775
24	湿地松		0.083890	2.44091	0.047440	2.10359	0.63108
25	柏木	Ⅰ	0.15341	2.31696	0.12483	1.91489	0.61516
26	柏木	Ⅱ	0.13313	2.25359	0.08947	1.91489	0.61516
27	柏木	Ⅲ	0.14179	2.32928	0.09433	1.91489	0.61516
28	柏木	Ⅳ	0.14734	2.34512	0.10014	1.91489	0.61516
29	杉木	Ⅰ	0.07637	2.40393	0.06539	2.01735	0.49425
30	杉木	Ⅱ	0.04363	2.54589	0.03272	2.11093	0.60212
31	柳杉		0.15483	2.17100	0.09311	1.81174	0.60677
32	栎树	Ⅰ	0.09135	2.48954	0.06149	2.14380	0.58390
33	栎树	Ⅱ	0.09393	2.54608	0.07509	2.32637	0.33015
34	栎树	Ⅲ	0.11520	2.42424	0.07806	2.06321	0.57393
35	栎树	Ⅳ	0.21360	2.30416	0.13188	1.82892	0.71119
36	桦树	Ⅰ	0.10298	2.44022	0.06807	2.10850	0.52019
37	桦树	Ⅱ	0.09588	2.42564	0.06338	2.10850	0.52019
38	桦树	Ⅲ	0.11146	2.42983	0.07367	2.10850	0.52019
39	桦树	Ⅳ	0.09615	2.41861	0.06356	2.10850	0.52019
40	杨树	Ⅰ	0.07357	2.49646	0.04502	2.12223	0.59163
41	杨树	Ⅱ	0.07529	2.51165	0.04607	2.14892	0.59163
42	杨树	Ⅲ	0.09549	2.42842	0.05843	2.05186	0.59163
43	杨树	Ⅳ	0.09084	2.37209	0.05559	2.00861	0.59163
44	杨树	Ⅴ	0.07685	2.50731	0.04703	2.12487	0.59163
45	杨树	Ⅵ	0.04792	2.67346	0.02933	2.27634	0.59163
46	椴树		0.07111	2.45853	0.03798	2.12825	0.61117
47	榆树		0.18527	2.17522	0.10266	1.98520	0.49074
48	木荷		0.17685	2.26314	0.12045	2.06446	0.38265
49	枫香		0.10615	2.46650	0.08909	2.25564	0.30414

表 8-3　主要树种(组)地上生物量模型的参数值(适用于 $D<5.0$ cm)

序号	树种(组)	总体	一元模型参数值		二元模型参数值		
			a_0	a_1	a_0	a_1	a_2
1	冷杉	Ⅰ	0.14035	2.14761	0.12545	1.69012	0.50839
2	冷杉	Ⅱ	0.13128	2.24404	0.10279	1.85762	0.50839
3	冷杉	Ⅲ	0.16896	1.98195	0.15765	1.50552	0.50839
4	冷杉	Ⅳ	0.18175	1.90205	0.19406	1.34122	0.50839
5	冷杉	Ⅴ	0.10366	2.27209	0.09159	1.81526	0.50839
6	云杉	Ⅰ	0.13695	2.19211	0.12976	1.96448	0.25663
7	云杉	Ⅱ	0.31796	1.81664	0.30798	1.55710	0.25663
8	云杉	Ⅲ	0.17081	2.20079	0.17492	1.91201	0.25663
9	云杉	Ⅳ	0.30880	1.77020	0.31004	1.49208	0.25663
10	云杉	Ⅴ	0.18746	2.03230	0.16923	1.82866	0.25663
11	云杉	Ⅵ	0.13692	2.39293	0.12691	2.16973	0.25663
12	落叶松	Ⅰ	0.18254	2.09620	0.14583	1.54581	0.59146
13	落叶松	Ⅱ	0.14214	2.05910	0.17051	1.39024	0.59146
14	落叶松	Ⅲ	0.14236	2.21923	0.12291	1.55432	0.59146
15	落叶松	Ⅳ	0.16341	2.09118	0.15678	1.37332	0.59146
16	马尾松	Ⅰ	0.14769	2.16312	0.11727	1.74179	0.49763
17	马尾松	Ⅱ	0.18919	2.14721	0.18167	1.60778	0.49763
18	油松		0.42937	1.46329	0.39835	1.07994	0.43610
19	云南松		0.09492	0.07023	2.35667	0.07023	2.10392
20	思茅松		0.11144	1.93247	0.10397	1.53180	0.41634
21	高山松		0.24417	1.84015	0.22306	1.62370	0.27467
22	黄山松		0.18297	2.00425	0.16591	1.48491	0.52375
23	樟子松		0.18100	1.88616	0.17577	1.50770	0.34775
24	湿地松		0.30975	1.62928	0.29002	0.97868	0.63108
25	柏木	Ⅰ	0.36274	1.78224	0.27086	1.43357	0.61516
26	柏木	Ⅱ	0.48331	1.45248	0.33843	1.08825	0.61516
27	柏木	Ⅲ	0.23907	2.00472	0.16090	1.58314	0.61516
28	柏木	Ⅳ	0.19117	2.18332	0.12088	1.79791	0.61516
29	杉木	Ⅰ	0.21277	1.76730	0.19071	1.35226	0.49425
30	杉木	Ⅱ	0.20848	1.57405	0.17382	1.07322	0.60212
31	柳杉		0.22754	1.93180	0.19780	1.34355	0.60677
32	栎树	Ⅰ	0.11963	2.32194	0.10918	1.78705	0.58390

续表

序号	树种(组)	总体	一元模型参数值		二元模型参数值		
			a_0	a_1	a_0	a_1	a_2
33	栎树	Ⅱ	0.20484	2.06167	0.15419	1.87937	0.33015
34	栎树	Ⅲ	0.29813	1.83342	0.22999	1.39183	0.57393
35	栎树	Ⅳ	0.22586	2.26950	0.15444	1.73082	0.71119
36	桦树		0.14305	2.23603	0.10408	1.84470	0.52019
37	桦树	Ⅱ	0.13863	2.19653	0.11029	1.76426	0.52019
38	桦树	Ⅲ	0.30646	1.80136	0.20254	1.48013	0.52019
39	桦树	Ⅳ	0.13097	2.22660	0.08907	1.89878	0.52019
40	杨树	Ⅰ	0.13307	2.12826	0.08428	1.73268	0.59163
41	杨树	Ⅱ	0.15911	2.04669	0.09107	1.72550	0.59163
42	杨树	Ⅲ	0.09977	2.40118	0.06530	1.98276	0.59163
43	杨树	Ⅳ	0.12638	2.16693	0.09585	1.67005	0.59163
44	杨树	Ⅴ	0.10182	2.33251	0.06741	1.90115	0.59163
45	杨树	Ⅵ	0.13816	2.01559	0.09837	1.52435	0.59163
46	椴树		0.07111	2.45853	0.03798	2.12825	0.61117
47	榆树		0.18527	2.17522	0.10266	1.98520	0.49074
48	木荷		0.17685	2.26314	0.12045	2.06446	0.38265
49	枫香		0.10615	2.46650	0.08909	2.25564	0.30414

2)分项生物量模型

(1)模型。分项生物量模型的表达式见式(8-4)。

$$\begin{cases} M_1 = \dfrac{1}{1+g_1+g_2+g_3} \times M_A \\ M_2 = \dfrac{g_1}{1+g_1+g_2+g_3} \times M_A \\ M_3 = \dfrac{g_2}{1+g_1+g_2+g_3} \times M_A \\ M_4 = \dfrac{g_3}{1+g_1+g_2+g_3} \times M_A \end{cases} \tag{8-4}$$

式中:M_1、M_2、M_3、M_4分别为干材、干皮、树枝、树叶的生物量估计值,单位为千克(kg);M_A为地上生物量,单位为千克(kg);g_1、g_2、g_3分别为干皮、树枝、树叶的生物量相对于干材生物量的比例。

g_i的表达式分别见式(8-5)和式(8-6)。

$$g_i = a_{i0} D^{a_{i1}} \tag{8-5}$$

$$g_i = b_{i0}\ D^{b_{i1}}\ H^{b_{i2}} \tag{8-6}$$

式中：a_{i0}、a_{i1}为一元模型的参数，其中i=1、2、3，分别代表干皮、树枝、树叶；b_{i0}、b_{i1}、b_{i2}为二元模型的参数，其中i=1、2、3，分别代表干皮、树枝、树叶。

(2)模型参数值。主要树种(组)及其不同总体的一元和二元分项生物量模型的参数值见表8-4。

表8-4 主要树种(组)分项生物量模型的参数值

序号	树种(组)	总体	组成部分	一元模型参数值		二元模型参数值		
				a_{i0}	a_{i1}	b_{i0}	b_{i1}	b_{i2}
1	冷杉	Ⅰ	干皮	0.26823	−0.12100	0.23932	−0.08629	0.00000
			树枝	0.84576	−0.17497	1.53208	0.68884	−1.20825
			树叶	1.6057	−0.54309	2.13718	0.27920	−1.16748
2	冷杉	Ⅱ	干皮	0.27760	−0.12100	0.25277	−0.08629	0.00000
			树枝	0.73884	−0.17497	1.44678	0.68884	−1.20825
			树叶	0.97903	−0.54309	1.95260	0.27920	−1.16748
3	冷杉	Ⅲ	干皮	0.27932	−0.12100	0.24245	−0.08629	0.00000
			树枝	0.50552	−0.17497	0.85705	0.68884	−1.20825
			树叶	1.36792	−0.54309	2.39267	0.27920	−1.16748
4	冷杉	Ⅳ	干皮	0.25509	−0.12100	0.22758	−0.08629	0.00000
			树枝	0.44766	−0.17497	0.73640	0.68884	−1.20825
			树叶	0.54356	−0.54309	0.87758	0.27920	−1.16748
5	冷杉	Ⅴ	干皮	0.23692	−0.12100	0.21007	−0.08629	0.00000
			树枝	0.55340	−0.17497	1.05252	0.68884	−1.20825
			树叶	0.84428	−0.54309	1.64336	0.27920	−1.16748
6	云杉	Ⅰ	干皮	0.32794	−0.25245	0.34770	−0.05756	−0.25077
			树枝	0.88738	−0.15684	1.98185	1.09296	−1.75814
			树叶	0.99496	−0.45130	2.57500	0.95997	−2.01311
7	云杉	Ⅱ	干皮	0.33352	−0.25245	0.37394	−0.05756	−0.25077
			树枝	0.75118	−0.15684	2.02924	1.09296	−1.75814
			树叶	0.95501	−0.45130	3.18649	0.95997	−2.01311
8	云杉	Ⅲ	干皮	0.39384	−0.25245	0.43510	−0.05756	−0.25077
			树枝	0.84272	−0.15684	2.08742	1.09296	−1.75814
			树叶	0.80974	−0.45130	2.34076	0.95997	−2.01311
9	云杉	Ⅳ	干皮	0.27785	−0.25245	0.29596	−0.05756	−0.25077
			树枝	0.58575	−0.15684	1.35183	1.09296	−1.75814
			树叶	0.65287	−0.45130	1.75053	0.95997	−2.01311

续表

序号	树种（组）	总体	组成部分	一元模型参数值		二元模型参数值		
				a_{i0}	a_{i1}	b_{i0}	b_{i1}	b_{i2}
10	云杉	Ⅴ	干皮	0.33721	−0.25245	0.37115	−0.05756	−0.25077
			树枝	0.79142	−0.15684	2.06326	1.09296	−1.75814
			树叶	0.71847	−0.45130	2.31485	0.95997	−2.01311
11	云杉	Ⅵ	干皮	0.31730	−0.25245	0.34342	−0.05756	−0.25077
			树枝	0.80414	−0.15684	2.01011	1.09296	−1.75814
			树叶	1.14334	−0.45130	3.35248	0.95997	−2.01311
12	落叶松	Ⅰ	干皮	0.31250	−0.27754	0.36742	−0.16892	−0.17313
			树枝	0.83192	−0.35216	2.30634	0.72188	−1.54081
			树叶	0.61802	−0.74565	1.57804	0.19257	−1.36274
13	落叶松	Ⅱ	干皮	0.48581	−0.27754	0.54481	−0.16892	−0.17313
			树枝	1.12554	−0.35216	2.40465	0.72188	−1.54081
			树叶	0.79830	−0.74565	1.60781	0.19257	−1.36274
14	落叶松	Ⅲ	干皮	0.52713	−0.27754	0.61953	−0.16892	−0.17313
			树枝	0.63978	−0.35216	1.80209	0.72188	−1.54081
			树叶	0.39969	−0.74565	1.05570	0.19257	−1.36274
15	落叶松	Ⅳ	干皮	0.43984	−0.27754	0.51362	−0.16892	−0.17313
			树枝	0.85585	−0.35216	2.05113	0.72188	−1.54081
			树叶	0.54712	−0.74565	1.26524	0.19257	−1.36274
16	马尾松	Ⅰ	干皮	0.31246	−0.39747	0.48729	0.00000	−0.60207
			树枝	0.51699	−0.27280	1.59113	0.96127	−1.80294
			树叶	0.98710	−0.81602	2.98814	0.61586	−2.02349
17	马尾松	Ⅱ	干皮	0.31246	−0.39747	0.48729	0.00000	−0.60207
			树枝	0.51699	−0.27280	1.59113	0.96127	−1.80294
			树叶	0.98710	−0.81602	2.98814	0.61586	−2.02349
18	油松		干皮	0.43278	−0.33579	0.37583	−0.51440	0.27033
			树枝	0.77159	−0.14218	1.17627	0.54089	−1.00212
			树叶	1.21490	−0.58131	1.93626	0.19371	−1.13112
19	云南松		干皮	0.94582	−0.60463	1.55018	−0.27008	0.94582
			树枝	0.99511	−0.31565	1.93610	0.61425	0.99511
			树叶	1.09056	−0.70347	2.37294	0.43806	1.09056

续表

序号	树种（组）	总体	组成部分	一元模型参数值		二元模型参数值		
				a_{i0}	a_{i1}	b_{i0}	b_{i1}	b_{i2}
20	思茅松		干皮	1.08030	－62553	2.41130	－0.064171	－0.93344
			树枝	0.47408	－0.01537	2.33493	1.41937	－2.23381
			树叶	1.24617	－0.82464	4.80605	0.74395	－2.30264
21	高山松		干皮	0.48048	－0.37021	0.61913	－0.18730	－0.31036
			树枝	0.60489	－0.10665	2.20547	1.53251	－2.51353
			树叶	0.64642	－0.57790	2.84825	1.18748	－2.75033
22	黄山松		干皮	0.64379	－0.53266	0.80939	－0.38276	－0.26227
			树枝	0.42636	－0.14062	1.33100	0.90975	－1.70004
			树叶	0.33478	－0.48472	1.06841	0.73554	－1.92085
23	樟子松		干皮	0.39191	－0.32085	0.72483	0.35205	－1.01956
			树枝	0.20451	0.20265	0.60969	1.41189	－1.85506
			树叶	0.53533	－0.42540	1.68820	0.95959	－2.09131
24	湿地松		干皮	0.68484	－0.42927	0.84286	－0.16538	－0.39610
			树枝	0.35850	－0.02041	0.76157	0.58421	－1.03111
			树叶	1.54426	－0.71187	3.48107	0.00000	－1.18444
25	柏木	Ⅰ	干皮	0.39022	－0.29699	0.54348	0.05628	－0.59318
			树枝	0.57686	－0.04150	1.04464	0.54778	－0.97740
			树叶	0.83520	－0.43662	1.37430	－0.01329	－0.67066
26	柏木	Ⅱ	干皮	0.42498	－0.29699	0.54348	0.05628	－0.59318
			树枝	0.63251	－0.04150	1.04464	0.54778	－0.97740
			树叶	0.99511	－0.43662	1.37430	－0.01329	－0.67066
27	柏木	Ⅲ	干皮	0.35627	－0.29699	0.54348	0.05628	－0.59318
			树枝	0.51096	－0.04150	1.04464	0.54778	－0.97740
			树叶	1.02958	－0.43662	1.37430	－0.01329	－0.67066
28	柏木	Ⅳ	干皮	0.27442	－0.29699	0.54348	0.05628	－0.59318
			树枝	0.42620	－0.04150	1.04464	0.54778	－0.97740
			树叶	0.80142	－0.43662	1.37430	－0.01329	－0.67066
29	杉木	Ⅰ	干皮	0.33401	－0.22230	0.37301	0.00000	－0.29282
			树枝	0.55008	－0.22495	0.80058	0.79098	－1.29690
			树叶	1.99726	－0.86167	3.23395	0.48038	－1.71324

续表

序号	树种（组）	总体	组成部分	一元模型参数值		二元模型参数值		
				a_{i0}	a_{i1}	b_{i0}	b_{i1}	b_{i2}
30	杉木	Ⅱ	干皮	0.33401	−0.22230	0.37301	0.00000	−0.29282
			树枝	0.55008	−0.22495	0.80058	0.79098	−1.29690
			树叶	1.99726	−0.86167	3.23395	0.48038	−1.71324
31	柳杉		干皮	0.19588	−0.27866	0.20740	−0.14490	−0.17547
			树枝	0.95921	−0.50295	1.73495	0.45348	−1.33840
			树叶	1.71244	−0.75260	2.84015	0.00000	−1.07110
32	栎树	Ⅰ	干皮	0.40675	−0.22114	0.49112	−0.05958	−0.27686
			树枝	0.19618	0.36621	0.31142	1.02832	−1.00174
			树叶	0.34831	−0.48175	0.57678	0.26975	−1.12547
33	栎树	Ⅱ	干皮	0.38623	−0.22114	0.56030	−0.07846	−0.27686
			树枝	0.55173	−0.05808	0.57431	0.81063	−1.00174
			树叶	1.08596	−0.82930	0.48513	0.40433	−1.12547
34	栎树	Ⅲ	干皮	0.40827	−0.22114	0.42465	−0.01606	−0.27686
			树枝	0.24771	0.20331	0.83778	0.65000	−1.00174
			树叶	0.19394	−0.28303	1.82297	−0.04397	−1.12547
35	栎树	Ⅳ	干皮	0.39929	−0.22114	0.41299	0.02030	−0.27686
			树枝	0.51218	−0.05075	1.06666	0.60506	−1.00174
			树叶	0.22181	−0.24485	0.45513	0.52771	−1.12547
36	桦树	Ⅰ	干皮	0.36545	−0.20934	0.53498	0.09004	−0.46520
			树枝	0.30641	0.13269	1.05167	0.66925	−1.04662
			树叶	0.22163	−0.27974	0.61793	0.17097	−0.88182
37	桦树	Ⅱ	干皮	0.41060	−0.20934	0.57927	0.09004	−0.46520
			树枝	0.15577	0.35548	0.94902	0.66925	−1.04662
			树叶	0.17238	−0.21675	0.38379	0.25187	−0.88182
38	桦树	Ⅲ	干皮	0.37197	−0.20934	0.52730	0.09004	−0.46520
			树枝	0.60070	−0.11315	0.91490	0.66925	−1.04662
			树叶	1.48907	−0.74267	2.99119	−0.19565	−0.88182
39	桦树	Ⅳ	干皮	0.37972	−0.20934	0.51994	0.09004	−0.46520
			树枝	0.43408	−0.06521	0.70284	0.66925	−1.04662
			树叶	0.22966	−0.34862	0.40333	0.22694	−0.88182

续表

序号	树种（组）	总体	组成部分	一元模型参数值		二元模型参数值		
				a_{i0}	a_{i1}	b_{i0}	b_{i1}	b_{i2}
40	杨树	Ⅰ	干皮	0.34834	−0.22560	0.48978	0.00000	−0.36906
			树枝	0.33543	0.00000	0.83511	0.72356	−1.13102
			树叶	0.49768	−0.68304	1.16207	0.00000	−1.05634
41	杨树	Ⅱ	干皮	0.47158	−0.22560	0.64735	0.00000	−0.36906
			树枝	0.49391	0.00000	1.13607	0.72356	−1.13102
			树叶	0.48540	−0.68304	1.03548	0.00000	−1.05634
42	杨树	Ⅲ	干皮	0.47243	−0.22560	0.65260	0.00000	−0.36906
			树枝	0.31232	0.00000	0.78825	0.72356	−1.13102
			树叶	0.43316	−0.68304	1.02668	0.00000	−1.05634
43	杨树	Ⅳ	干皮	0.40154	−0.22560	0.53895	0.00000	−0.36906
			树枝	0.33156	0.00000	0.75947	0.72356	−1.13102
			树叶	0.71469	−0.68304	1.54500	0.00000	−1.05634
44	杨树	Ⅴ	干皮	0.42119	−0.22560	0.60268	0.00000	−0.36906
			树枝	0.4316	0.00000	1.11788	0.72356	−1.13102
			树叶	1.01431	−0.68304	2.40299	0.00000	−1.05634
45	杨树	Ⅵ	干皮	0.40064	−0.22560	0.58045	0.00000	−0.36906
			树枝	0.32550	0.00000	0.91506	0.72356	−1.13102
			树叶	0.94840	−0.68304	2.41765	0.00000	−1.05634
46	椴树		干皮	1.10030	−0.45046	1.29943	−0.45913	−0.05232
			树枝	0.54836	−0.06542	0.74795	0.19872	−0.42009
			树叶	0.21281	−0.34628	0.45818	0.15934	−0.86674
47	榆树		干皮	0.25759	−0.15319	0.44771	0.09694	−0.54758
			树枝	0.42549	0.12121	0.81412	0.45013	−0.68777
			树叶	0.12442	−0.05398	0.15941	0.10458	−0.30363
48	木荷		干皮	0.48598	−0.27631	0.75547	0.00000	−0.49904
			树枝	0.51669	−0.16334	0.94206	0.26840	−0.74941
			树叶	0.59783	−0.62017	1.00699	−0.24787	−0.64570
49	枫香		干皮	0.18667	−0.034537	0.23463	0.30953	−0.47515
			树枝	0.51748	−0.023554	0.85343	0.69115	−1.00246
			树叶	0.50256	−0.54364	0.77866	0.00000	−0.78326

3)地下生物量模型

(1)模型。一元和二元地下生物量模型的表达式分别见式(7-7)和式(7-8)。

$$M_B = b_0\ D^{b_1} \tag{8-7}$$

$$M_B = b_0\ D^{b_1}\ H^{b_2} \tag{8-8}$$

式中:M_B为地下生物量估计值,单位为千克(kg);D为林木胸径,单位为厘米(cm);H为林木树高,单位为米(m);b_0、b_1、b_2为模型参数。

(2)模型参数值。主要树种(组)及其不同总体的一元和二元地下生物量模型的参数值见表8-5和表8-6。

表8-5 主要树种(组)地下生物量模型的参数值(适用于$D \geqslant 5.0$ cm)

序号	树种(组)	总体	一元模型参数值		二元模型参数值		
			b_0	b_1	b_0	b_1	b_2
1	冷杉	Ⅰ	0.026075	2.30198	0.031182	2.54141	−0.33803
2	冷杉	Ⅱ	0.038629	2.29457	0.046195	2.54141	−0.33803
3	冷杉	Ⅲ	0.024072	2.30715	0.028787	2.54141	−0.33803
4	冷杉	Ⅳ	0.029418	2.30673	0.035180	2.54141	−0.33803
5	冷杉	Ⅴ	0.030351	2.29767	0.036295	2.54141	−0.33803
6	云杉	Ⅰ	0.020718	2.47431	0.025130	2.70802	−0.34753
7	云杉	Ⅱ	0.046321	2.28836	0.056183	2.54672	−0.34753
8	云杉	Ⅲ	0.034084	2.27061	0.041341	2.52175	−0.34753
9	云杉	Ⅳ	0.026790	2.31771	0.032494	2.57101	−0.34753
10	云杉	Ⅴ	0.024129	2.41710	0.029267	2.65904	−0.34753
11	云杉	Ⅵ	0.031438	2.23846	0.038132	2.48467	−0.34753
12	落叶松	Ⅰ	0.042583	2.37053	0.044407	2.40255	−0.049798
13	落叶松		0.028287	2.36403	0.028667	2.40255	−0.049798
14	落叶松	Ⅲ	0.020548	2.37556	0.021797	2.40255	−0.049798
15	落叶松	Ⅳ	0.021364	2.37623	0.022649	2.40255	−0.049798
16	马尾松	Ⅰ	0.008112	2.69505	0.008828	2.73828	−0.080255
17	马尾松	Ⅱ	0.011246	2.63005	0.012238	2.67327	−0.080255
18	油松		0.010926	2.66478	0.010898	2.66184	0.00456
19	云南松		0.016542	2.34490	0.014363	2.22637	0.19283
20	思茅松		0.006356	2.68731	0.004023	2.63445	0.22515
21	高山松		0.021373	2.37122	0.015864	2.19183	0.32572
22	黄山松		0.014909	2.48288	0.011965	2.48917	0.05825
23	樟子松		0.012813	2.50659	0.011307	2.57232	−0.03984

续表

序号	树种(组)	总体	一元模型参数值		二元模型参数值		
			b_0	b_1	b_0	b_1	b_2
24	湿地松		0.043570	2.22877	0.035263	2.10359	0.23419
25	柏木	Ⅰ	0.059612	2.16657	0.043812	1.76750	0.64281
26	柏木	Ⅱ	0.054873	2.10320	0.033704	1.76750	0.64281
27	柏木	Ⅲ	0.039166	2.17890	0.024531	1.76750	0.64281
28	柏木	Ⅳ	0.056168	2.19473	0.035179	1.76750	0.64281
29	杉木	Ⅰ	0.015504	2.44421	0.016385	2.52941	−0.11744
30	杉木	Ⅱ	0.008857	2.58617	0.008199	2.62298	−0.00956
31	柳杉		0.014055	2.57193	0.016790	2.69756	−0.21218
32	栎树	Ⅰ	0.045880	2.30079	0.051830	2.40723	−0.17974
33	栎树	Ⅱ	0.052090	2.30130	0.069890	2.58980	−0.43350
34	栎树	Ⅲ	0.048900	2.20730	0.055610	2.32664	−0.18971
35	栎树	Ⅳ	0.110590	2.05730	0.114600	2.09235	−0.05245
36	桦树	Ⅰ	0.055107	2.25464	0.044090	2.07591	0.28028
37	桦树	Ⅱ	0.049161	2.24678	0.039332	2.07591	0.28028
38	桦树	Ⅲ	0.050840	2.24904	0.040676	2.07591	0.28028
39	桦树	Ⅳ	0.041591	2.24300	0.033276	2.07591	0.28028
40	杨树	Ⅰ	0.024072	2.36207	0.022429	2.30820	0.08516
41	杨树	Ⅱ	0.025122	2.38711	0.023407	2.33489	0.08516
42	杨树	Ⅲ	0.026676	2.29204	0.024855	2.23783	0.08516
43	杨树	Ⅳ	0.033885	2.24690	0.031572	2.19458	0.08516
44	杨树	Ⅴ	0.026056	2.36590	0.024278	2.31085	0.08516
45	杨树	Ⅵ	0.012317	2.51948	0.011477	2.46232	0.08516
46	椴树		0.021581	2.51509	0.016714	2.70249	−0.13124
47	榆树		0.071868	2.14011	0.043234	2.06056	0.33718
48	木荷		0.064079	2.19784	0.081769	2.32395	−0.24289
49	枫香		0.095520	2.14190	0.120520	2.42178	−0.430370

表 8-6 主要树种(组)地下生物量模型的参数值(适用于 $D<5.0$ cm)

序号	树种(组)	总体	一元模型参数值		二元模型参数值		
			b_0	b_1	b_0	b_1	b_2
1	冷杉	Ⅰ	0.022304	2.39904	0.025157	2.67482	−0.33803
2	冷杉	Ⅱ	0.013603	2.94304	0.015702	3.21188	−0.33803
3	冷杉	Ⅲ	0.025191	2.27893	0.027217	2.57625	−0.33803
4	冷杉	Ⅳ	0.050964	1.96530	0.052567	2.29188	−0.33803
5	冷杉	Ⅴ	0.010407	2.96271	0.012627	3.19747	−0.33803
6	云杉	Ⅰ	0.077534	1.65434	0.087510	1.93277	−0.34753
7	云杉	Ⅱ	0.097029	1.82893	0.094151	2.22593	−0.34753
8	云杉	Ⅲ	0.066219	1.85795	0.066897	2.22270	−0.34753
9	云杉	Ⅳ	0.069286	1.72732	0.059143	2.19889	−0.34753
10	云杉	Ⅴ	0.030620	2.26907	0.038119	2.49485	−0.34753
11	云杉	Ⅵ	0.026422	2.34646	0.032776	2.57872	−0.34753
12	落叶松	Ⅰ	0.016710	2.95176	0.016321	3.02446	−0.049798
13	落叶松	Ⅱ	0.022750	2.49938	0.039191	2.20824	−0.049798
14	落叶松	Ⅲ	0.078521	1.54259	0.053249	1.84756	−0.049798
15	落叶松	Ⅳ	0.036627	2.04127	0.031445	2.19867	−0.049798
16	马尾松	Ⅰ	0.033844	1.80754	0.043674	1.74485	−0.080255
17	马尾松	Ⅱ	0.043354	1.79163	0.067657	1.61084	−0.080255
18	油松		0.109305	1.23382	0.139014	1.07994	0.00456
19	云南松		0.016542	2.34490	0.014363	2.22637	0.19283
20	思茅松		0.013790	2.20606	0.016236	1.76761	0.22515
21	高山松		0.050241	1.84015	0.039583	1.62370	0.32572
22	黄山松		0.063407	1.58341	0.065070	1.43697	0.05825
23	樟子松		0.081046	1.36051	0.033432	1.89875	−0.03984
24	湿地松		0.071442	1.92151	0.071994	1.66011	0.23419
25	柏木	Ⅰ	0.140957	1.63185	0.095065	1.28618	0.64281
26	柏木	Ⅱ	0.199208	1.30209	0.127492	0.94085	0.64281
27	柏木	Ⅲ	0.066034	1.85434	0.041840	1.43574	0.64281
28	柏木	Ⅳ	0.072876	2.03293	0.042467	1.65052	0.64281
29	杉木	Ⅰ	0.032989	1.97505	0.034655	2.06398	−0.11744
30	杉木	Ⅱ	0.032324	1.78179	0.031586	1.78495	−0.00956
31	柳杉		0.062791	1.93180	0.058841	1.91838	−0.21218
32	栎树	Ⅰ	0.086460	1.90705	0.293520	1.32981	−0.17974

续表

序号	树种(组)	总体	一元模型参数值		二元模型参数值		
			b_0	b_1	b_0	b_1	b_2
33	栎树	Ⅱ	0.127300	1.74612	0.177020	2.01240	−0.43350
34	栎树	Ⅲ	0.140670	1.55077	0.156210	1.68493	−0.18971
35	栎树	Ⅳ	0.062710	2.40982	0.053436	2.56640	−0.05245
36	桦树	Ⅰ	0.056118	2.24334	0.047286	2.03242	0.28028
37	桦树	Ⅱ	0.059975	2.12325	0.054085	1.87801	0.28028
38	桦树	Ⅲ	0.088747	1.90290	0.075658	1.69031	0.28028
39	桦树	Ⅳ	0.020038	2.69673	0.017225	2.48504	0.28028
40	杨树	Ⅰ	0.041516	2.02344	0.057757	1.72050	0.08516
41	杨树	Ⅱ	0.095387	1.55813	0.075082	1.61070	0.08516
42	杨树	Ⅲ	0.022169	2.40704	0.022080	2.31139	0.08516
43	杨树	Ⅳ	0.032013	2.28221	0.039611	2.05364	0.08516
44	杨树	Ⅴ	0.035386	2.17573	0.036693	2.05421	0.08516
45	杨树	Ⅵ	0.058513	1.55130	0.059655	1.43820	0.08516
46	椴树		0.021581	2.51509	0.016714	2.70249	−0.13124
47	榆树		0.071868	2.14011	0.043234	2.06056	0.33718
48	木荷		0.064079	2.19784	0.081769	2.32395	−0.24289
49	枫香		0.010926	2.66478	0.010898	2.66184	0.00456

3. 含碳系数

主要树种(组)不同生物量组分的含碳系数如表8-7所示。

表8-7 主要树种(组)不同生物量组分的含碳系数

序号	树种	全树	地上	地下	干材	干皮	树枝	树叶
1	冷杉	0.4962 (0.0267)	0.4957 (0.0263)	0.4985 (0.0275)	0.4928 (0.0255)	0.4919 (0.0298)	0.4922 (0.0347)	0.5178 (0.0325)
2	云杉	0.4900 (0.0656)	0.4905 (0.0553)	0.4880 (0.0336)	0.4850 (0.0670)	0.4854 (0.0414)	0.4952 (0.0422)	0.5006 (0.0454)
3	落叶松	0.4893 (0.0264)	0.4895 (0.0292)	0.4884 (0.0331)	0.4826 (0.0292)	0.5021 (0.0319)	0.4990 (0.0326)	0.4963 (0.0285)
4	马尾松	0.5252 (0.0094)	0.5254 (0.0096)	0.5082 (0.0291)	0.5186 (0.0115)	0.4994 (0.0098)	0.5174 (0.0474)	0.5785 (0.0230)

续表

序号	树种	全树	地上	地下	干材	干皮	树枝	树叶
5	油松	0.5165 (0.0057)	0.5184 (0.0087)	0.5093 (0.0066)	0.5104 (0.0068)	0.5247 (0.0127)	0.5229 (0.0094)	0.5380 (0.0184)
6	云南松	0.5084 (0.0137)	0.5106 (0.0130)	0.4947 (0.0218)	0.5007 (0.0144)	0.5178 (0.0136)	0.5219 (0.0160)	0.5346 (0.0256)
7	思茅松	0.5007 (0.0066)	0.5039 (0.0040)	0.4858 (0.0143)	0.4969 (0.0041)	0.5216 (0.0089)	0.5047 (0.0050)	0.5185 (0.0068)
8	高山松	0.5004 (0.0460)	0.4995 (0.0393)	0.5048 (0.0308)	0.5169 (0.0309)	0.4639 (0.0480)	0.4925 (0.0526)	0.5307 (0.0209)
9	黄山松	0.5060 (0.0104)	0.5070 (0.0211)	0.5009 (0.0166)	0.5063 (0.0088)	0.5334 (0.0098)	0.5061 (0.0241)	0.5272 (0.0083)
10	樟子松	0.4859 (0.0214)	0.4863 (0.0121)	0.4840 (0.0122)	0.4816 (0.0147)	0.4879 (0.0190)	0.4927 (0.0071)	0.5015 (0.0061)
11	湿地松	0.4736 (0.0156)	0.4756 (0.0138)	0.4664 (0.0182)	0.4744 (0.0178)	0.4612 (0.0248)	0.4868 (0.0143)	0.4810 (0.0154)
12	柏木	0.4847 (0.0247)	0.4846 (0.0270)	0.4851 (0.0272)	0.4872 (0.0283)	0.4741 (0.0359)	0.4776 (0.0347)	0.4911 (0.0313)
13	杉木	0.4990 (0.0120)	0.5003 (0.0115)	0.4880 (0.0179)	0.5014 (0.0115)	0.4999 (0.0198)	0.4947 (0.0140)	0.5033 (0.0159)
14	柳杉	0.5137 (0.0270)	0.5154 (0.0298)	0.5091 (0.0052)	0.5089 (0.0420)	0.5183 (0.0033)	0.5160 (0.0360)	0.5382 (0.0630)
15	栎树	0.4802 (0.0430)	0.4827 (0.0444)	0.4678 (0.0395)	0.4839 (0.0390)	0.4801 (0.0620)	0.4805 (0.0525)	0.4923 (0.0653)
16	桦树	0.4872 (0.0273)	0.4897 (0.0290)	0.4779 (0.0298)	0.4848 (0.0280)	0.5054 (0.0428)	0.4870 (0.0379)	0.5038 (0.0383)
17	杨树	0.4705 (0.0304)	0.4728 (0.0298)	0.4644 (0.0343)	0.4758 (0.0274)	0.4679 (0.0826)	0.4723 (0.0310)	0.4625 (0.0354)
18	椴树	0.4754 (0.0089)	0.4772 (0.0052)	0.4726 (0.0118)	0.4859 (0.0055)	0.4658 (0.0064)	0.4698 (0.0080)	0.4732 (0.0098)
19	榆树	0.4505 (0.0121)	0.4546 (0.0087)	0.4455 (0.0157)	0.4696 (0.0104)	0.4031 (0.0131)	0.4522 (0.0105)	0.4224 (0.0266)
20	木荷	0.4706 (0.0216)	0.4712 (0.0182)	0.4667 (0.0232)	0.4683 (0.0191)	0.4738 (0.0239)	0.4712 (0.0186)	0.4879 (0.0234)
21	枫香	0.4668 (0.0119)	0.4690 (0.0136)	0.4604 (0.0166)	0.4737 (0.0145)	0.4487 (0.0228)	0.4694 (0.0158)	0.4583 (0.0230)

注:括号中的数值为标准差。

8.3.3　基于森林资源清查资料的方法

森林资源清查资料是以县级行政单位或自然保护区、国有林场等为单位开展的基础性调查,以幼苗到成熟的林木总体为对象,调查包括森林面积大小、生长在该面积上林木的形态特征两方面的资料,其主要任务是查清各经营管理单位森林资源现状,并提出经营管理建议。该方法的特点:以森林蓄积为基础数据,引入了生物量转化因子,经过换算得到森林生物量,再结合树种的含碳率得到森林碳储量。具体有以下四种方法:IPCC 法、生物量转化因子(BCF)法、生物量回归模型法和基于遥感技术法。

1. IPCC 法

IPCC 法是以森林蓄积、木材密度、生物量扩展因子和根茎比等为参数,通过建立材积源生物量模型,来指导各国开展对森林生物量估算的方法。

其基本公式为

$$B = V \times D \times \mathrm{BEF} \times (1 + R) \tag{8-9}$$

式中:B 为森林的总生物量;V 为某一森林类型的总生物量;D 为某一森林类型的木材密度;BEF 为生物量扩展因子;R 为根茎比。

该方法使用时比较稳定,可以通过变换,应用于较大范围森林生物量的研究。在使用 IPCC 法计算森林生物量时,可以通过以下两种方式进行:①使用固定的生物量转换因子。这种方法相对简单,直接采用一个固定的生物量转换因子,将森林的蓄积量、木材密度等参数与该因子结合,计算出森林的生物量。但这种方法可能无法充分考虑不同森林类型、不同生长阶段等因素对生物量的影响,导致计算结果存在一定误差。②对 BEF 进行适当的转换。具体做法是,先按 BEF 的上、下限合理分为 5 个区间,取各区间的中值分别作为幼龄林、中龄林、近熟林、成熟林和过熟林的 BEF。然后,利用这些 BEF 值,结合森林的蓄积量、木材密度等参数,计算出各个龄组的地上部分生物量值。接着,再结合根茎比,计算出各个龄组的总生物量。最后,将不同树种或不同森林类型的各个龄组生物量求和,汇总得到总的生物量。这种方法考虑了森林的不同生长阶段对生物量的影响,通过分阶段计算后再汇总,能够得到更为准确的生物量计算结果。

2. 生物量转换因子(BCF)法

生物量转换因子(BCF)法又称材积源生物量法,是对传统的生物量转换因子法的改进。传统的生物量转换因子法将生物量与蓄积量比值视为常数,而 BCF 法则将固定的生物量平均转换因子改为分龄级的转换因子,从而提高了区域或全国范围内森林生物量估算的准确度。

其基本公式为

$$B = a + bV \tag{8-10}$$

式中,a 和 b 均为常数,B 为生物量,V 为蓄积量。

3. **生物量回归模型法**

生物量回归模型法是利用野外生物量的实测调查数据，建立生物量与树高、胸径，或者是树高和胸径混合统计回归关系模型；也可以根据树种不同器官，如树干、树枝、树叶、树皮和树根等部分建立相容性生物量模型，再进行加和求得生物量。另外，还可以建立与材积相容的单木生物量回归模型。生物量回归模型法具有无偏、稳定、相容等特点。

4. **基于遥感技术法**

随着高科技的发展，遥感技术被应用于生物量监测中。其原理是运用遥感技术，借助植被冠层及叶片的光谱特性，通过捕捉遥感影像中不同波段的反射波长信息，进而构建植被指数。

目前，关于运用遥感技术估算生物量主要有以下四种方法：人工神经网络模型法、遥感数据与过程模型拟合法、遥感信息参数与生物量拟合关系法以及基准样地法（KNN 法）。这四种方法估算生物量的具体步骤：进行地面样地调查，提取遥感影像信息，构建估算模型，利用所构建的模型反演植被生物量。

不同估算方法的结果存在差异，也会对估算结果增加诸多不确定性。当前，关于碳储量估算所用的方法多属于静态或经验统计。我国学者在研究碳储量的过程中，应结合我国具体情况，通过改进现有方法的不足，或开发新方法，来提高我国森林碳储量估算精度，这也是当前学者对碳储量和生物量展开研究的重要内容。

第9章 植物燃点及热值测定

植物燃点是指在特定的试验条件下，植物材料在达到某一温度时与火源接触即行着火，并且在移去火源之后仍能继续燃烧的最低温度。不同种类可燃物的燃点差别较大，可燃物的燃点越高，可燃物被引燃就需要更长的加热时间，越难以引燃，燃烧性越小。国内外学者在可燃物的理化性质、化学组成对其燃烧的影响方面做了大量的研究工作，并从中得出以下规律：可燃物的含水率较高则不易燃烧；可燃物的燃点较高则不易燃烧；可燃物的热值影响着着火温度和蔓延速度，热值越大，火强度越大。

植物热值是指植物在绝干状态下单位质量的可燃物完全燃烧时所放出的热量。植物热值越大，释放热量越多，表明抗火能力越差。它反映了植物对太阳能的转化效率，是衡量第一性生产力水平的重要指标。植物热值也是判断植物生长状况的一个有效指标，热值的高低体现了植物的代谢水平，其变化可以反映出外界环境因子对植物生长的影响。所以，植物热值是评价和反映生态系统中物质循环和能量转化规律的重要指标，同时也是衡量植物利用潜力的重要内容。因此，对植物热值的研究，对了解生态系统能量具有重要意义。

9.1 本章学习目的

本章的学习目的如下：

(1)了解和掌握植物燃点测定方法

(2)了解和掌握植物热值测定方法。

9.2 样品准备

9.2.1 取样

1. 样品收集

(1)取样点选择：根据研究目的，选择具有代表性的植物群落或生态系统作为取样地点，确保取样地点能够反映该区域植物的典型特征。

(2)取样方法：选择间隔一定的距离取样，其中植物构件(干、枝、叶、果等)选择生长健康的植物取样，凋落物通常采用样方法或样线法进行取样。样方法是在一定面积(如1 m×1 m)内进行取样，样线法则是沿着一条直线每隔一定距离（如 10 m）取样。每个取样点应设置 3～5 个重复样方，以确保数据的可靠性。

(3)采集样品：在选定的取样面积内，采集植物干、枝、叶、果等，以及地表堆积的枯枝、落叶、树皮等枯落物。

(4)记录信息：将采集的样品装入密封袋或样品袋中，记录取样地点的环境信息，如地理位置、气候条件、土壤类型等，并给每个样品编号。

2. 样品处理

(1)初步处理：将采集的植物样品进行分类，如分为干、枝、叶、果、枯落物等。

(2)清洁样品：去除样品表面的泥土、灰尘等杂质，确保样品的纯净。

(3)切割样品：将较大的植物样品切割成小块，便于后续的磨样处理。

9.2.2 磨样

(1)将样品用农用粉碎机打磨，如图 9-1 所示。

图 9-1 磨样(一)

(2)打磨样品时，先用锤子将较大的枝干敲碎，避免粉碎机卡壳，造成粉碎机筛片损毁（见图 9-2）。

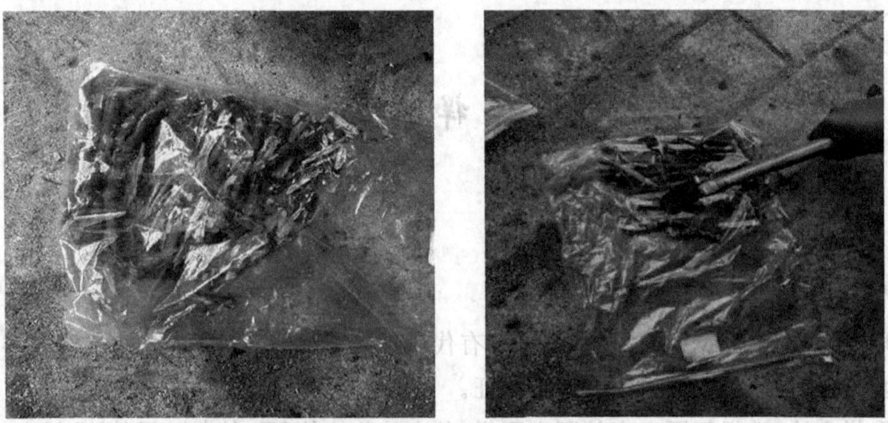

图 9-2 磨样(二)

(3)样品应该均匀较缓慢地放入粉碎机中，避免粉碎机负荷过大。粉碎机出口可以套上布质的袋子(袋子具有透气性且能完整套住出口)接粉碎后的样品，以降低样品损耗(见图 9-3)。

图 9-3 磨样(三)

(4)每打磨完一个样品，应将粉碎机打开，将筛子拿出，清除粉碎机内部的样品，避免下一个打磨样品的纯度降低，并且打磨后的样品要写上对应的编号(见图 9-4)。

图 9-4 磨样(四)

9.2.3 过筛、烘干

(1)将样品过 40 目的筛之后，用信封袋装上并写上编号(见图 9-5)。

图 9-5 过筛

(2)将用信封袋装好的样品放入 80 ℃烘箱中烘干至恒重(见图 9-6)。

图 9-6　烘干

9.3　燃点热值测定

9.3.1　热值测定

1. 测试原理

热值测定基于氧弹量热测量法原理：将定量样品置于密闭氧弹中，在高压纯氧环境下完全燃烧，释放的热量通过热传导使量热仪内筒水温升高。通过精密测量水温变化值(ΔT)，结合量热系统热容量(经标准物质标定)，计算样品燃烧释放的总热量。最终热值按以下公式计算：

$$Q=(C\times\Delta T-q_1-q_2)/m$$

式中：Q 为样品热值(J/g)；C 为量热系统热容量(J/℃)；q_1 为点火丝燃烧释放热量(J)；q_2 为擦镜纸等添加物燃烧释放热量(J)；m 为样品质量(g)。

系统通过微机自动校准环境热交换干扰，并扣除辅助材料(点火丝、棉线、擦镜纸)的燃烧热值，确保测定结果精准反映样品的真实单位质量发热量。

2. 实验器材

微机全自动量热仪(见图 9-7)、天平、药匙、称量纸、样品、点火丝、棉线、氧弹充氧仪、氧气弹筒、氧气罐、擦镜纸等。

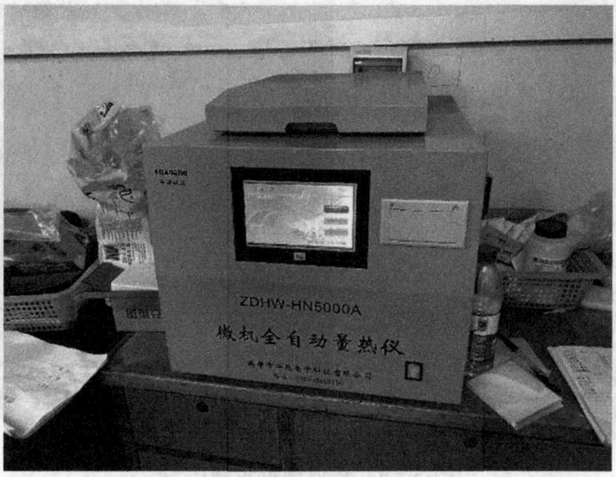

图 9-7 微机全自动量热仪

3. 实验步骤

(1)将天平进行归零,取一张擦镜纸并用天平进行称量,单位用克(g)表示,精确到 0.0001 g。随后再将天平进行归零,再取 1.000 g 实验样品并用擦镜纸包好,保证不遗漏(见图9-8)。

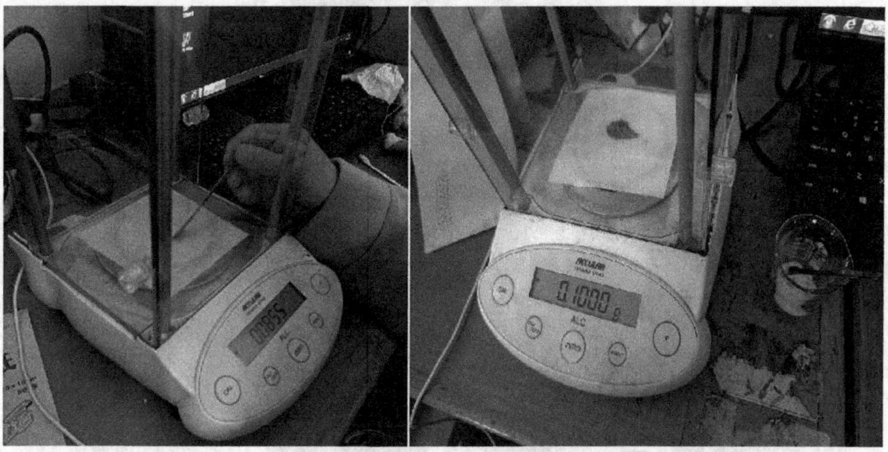

图 9-8 热值测定步骤(一)

(2)将微机全自动量热仪箱盖打开,取出氧气弹筒,将放气阀按在氧弹头上,放气后拧开氧弹盖,并清理内部仪器,使之保持干净整洁(如坩埚用纸巾擦拭干净,弹体用清水冲洗并用纸巾擦净等)(见图 9-9)。

(3)将阀体放置到配套的支架上,取一根点火丝,穿过阀体的两根电极的斜槽,保持平衡,用两根电极上的缩紧套筒将点火丝卡紧(见图 9-10)。

(4)取一根 5~8 cm 的棉线绑在点火丝上,线头另一端置于坩埚内,并取出实验样品,置于坩埚内并将棉线压上(见图 9-11)。

图 9－9　热值测定步骤(二)

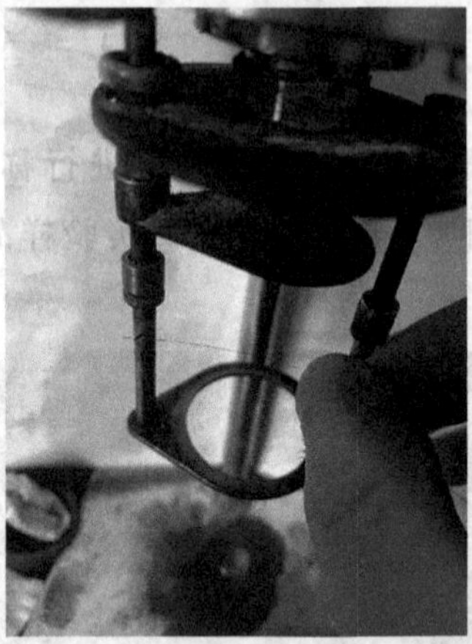

图 9－10　热值测定步骤(三)

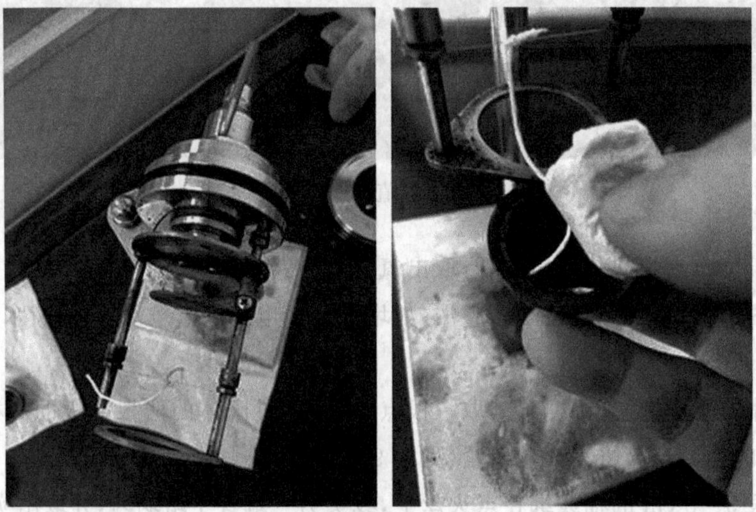

图 9－11　热值测定步骤(四)

(5)用取针管在氧弹体内加入 10 mL 蒸馏水(见图 9-12)。

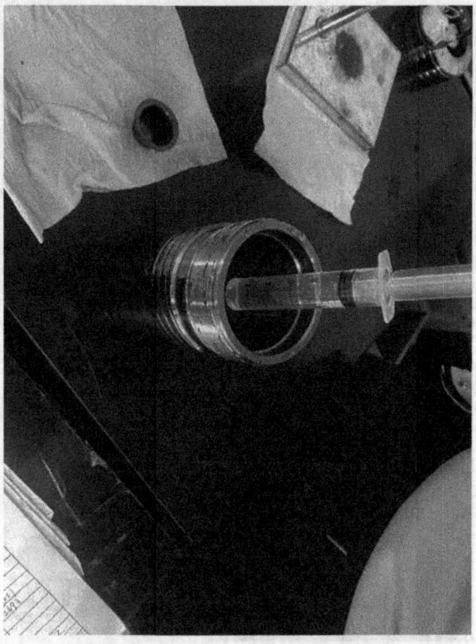

图 9-12 热值测定步骤(五)

(6)平稳地将阀体装在氧气弹体内并拧紧氧弹盖后,用氧弹充氧仪进行充氧(2.8～3.0 MPa),等待 20 s,充氧完成(见图 9-13)。

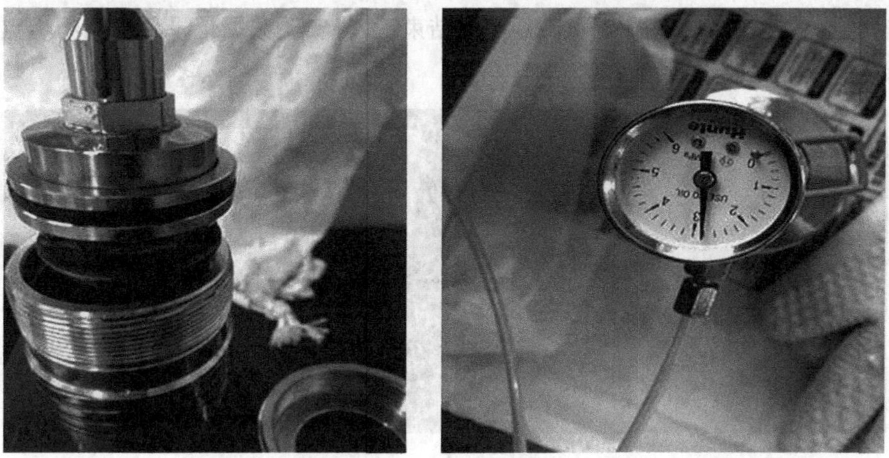

图 9-13 热值测定步骤(六)

(7)将充完氧的氧弹放入仪器并关上盖子，开始测定(见图 9－14)。

图 9－14　热值测定步骤(七)

(8)将纸张重量以及样品重量输入仪器并进行发热量测定。操作步骤如下：点击发热量测定→点击发热量输入→点击样品重量，输入样品重量数据→点击添加物量，输入添加纸张的重量→点击确定→点击返回(见图 9－15)。测定结束后，将实验数据记录到可燃物燃点、热值测定记录本。

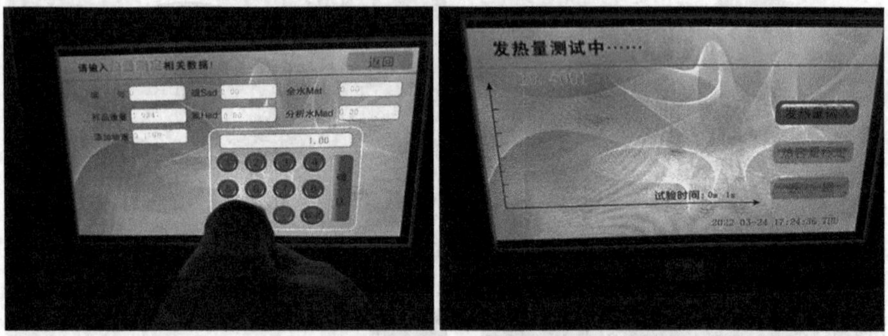

图 9－15　热值测定步骤(八)

4. 实验注意事项

(1)氧气是助燃气体，操作时应避免接触油脂或其他易燃物质，防止发生火灾或爆炸。充氧时，确保氧弹密封良好，充氧压力控制在 2.8～3.0 MPa。

(2)氧弹在充氧和燃烧过程中会承受高压，操作时应确保氧弹盖拧紧，避免漏气或爆炸风险。实验结束后，应等待氧弹冷却后再进行放气和清理。

(3)点火丝和棉线是易燃物，操作时应避免靠近明火或其他火源，防止意外点燃。

(4)实验过程中可能会产生有害气体(如二氧化硫、氮氧化物等),应确保实验室通风良好,避免人体吸入有害气体。

9.3.2　燃点测定

1. 测试原理

将样品加热到开始燃烧时的温度,叫做样品的燃点(也称着火点、临界温度和发火温度)。测定样品燃点的方法很多,一般是将氧化剂加入或通入样品中,对样品进行加热,使样品发生爆燃或有明显的升温现象,然后求出样品爆燃或急剧升温的临界温度,以此作为样品的燃点。我国测定燃点时,常采用亚硝酸钠做氧化剂。

2. 实验器材

HNRD-6 微机煤燃点测定仪、研磨棒、研钵、称量仪、药匙、称量纸、样品、亚硝酸钠等。

3. 实验步骤

(1)称取已干燥的原样或氧化样(0.1±0.01) g 放入研钵中,加入经干燥过的亚硝酸钠(做氧化剂)(0.075±0.001) g,轻轻研磨 1～2 min,使样品与亚硝酸钠混合均匀(见图 9-16)。

图 9-16　燃点测定步骤(一)

(2)将制好的煤样放入试管里,然后将试管放入铜加热体,同时将传感器按顺序 1～6 依次放入试管中,并将控温传感器插入铜加热体中间孔中(见图 9-17)。

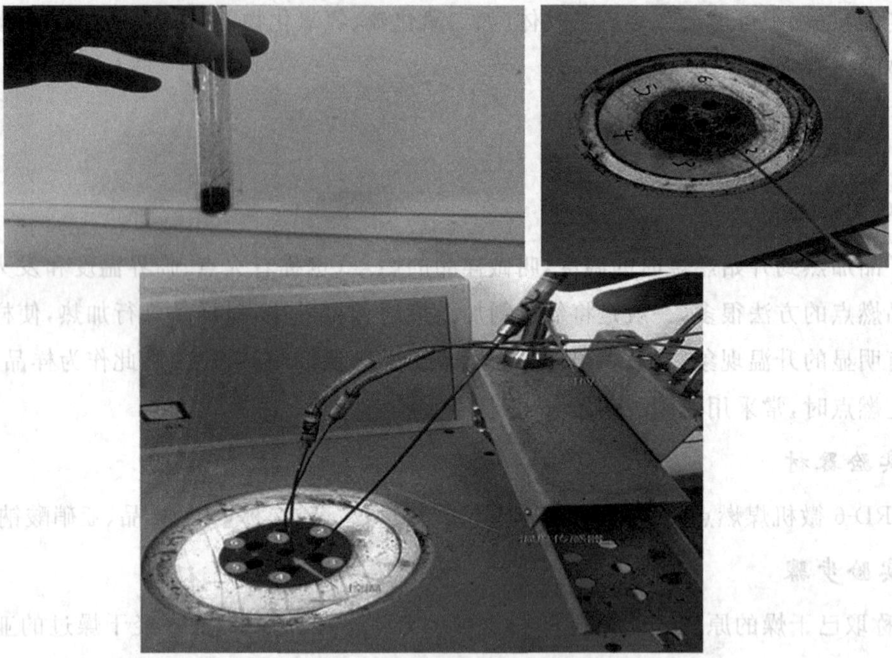

图 9－17　燃点测定步骤(二)

(3)打开电源,按停止按钮 3 s 左右,显示“stop”符号。这时再按运行按钮 2 s 左右,显示“run”符号,机器开始自动升温(见图 9－18)。

图 9－18　燃点测定步骤(三)

(4)当温度升高到 200 ℃时，打开电脑，双击燃点测定仪后，打开文件，添加工程找到安装盘上的文件夹，选中后点击运行按钮，进入程序(见图 9-19)。

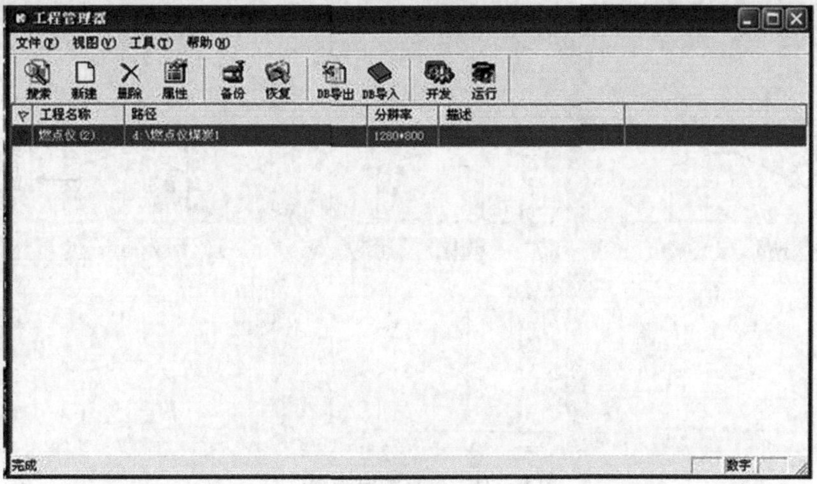

图 9-19 燃点测定步骤(四)

(5)输入化验员姓名和试验编号后登入系统，注意化验员姓名要保持一致，方便之后查找历史数据(见图 9-20)。

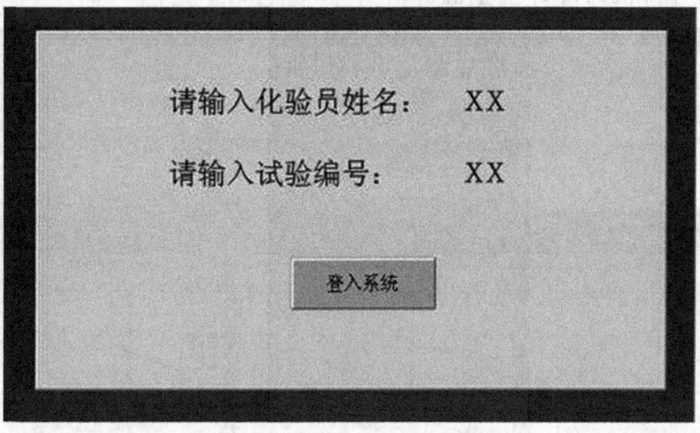

图 9-20 燃点测定步骤(五)

(6)进入操作系统后，蓝线表示炉温线，红线为样品对炉温之差，样品从加热到爆燃或急剧升温，机器会自动判断样品的燃点(见图 9-21)。

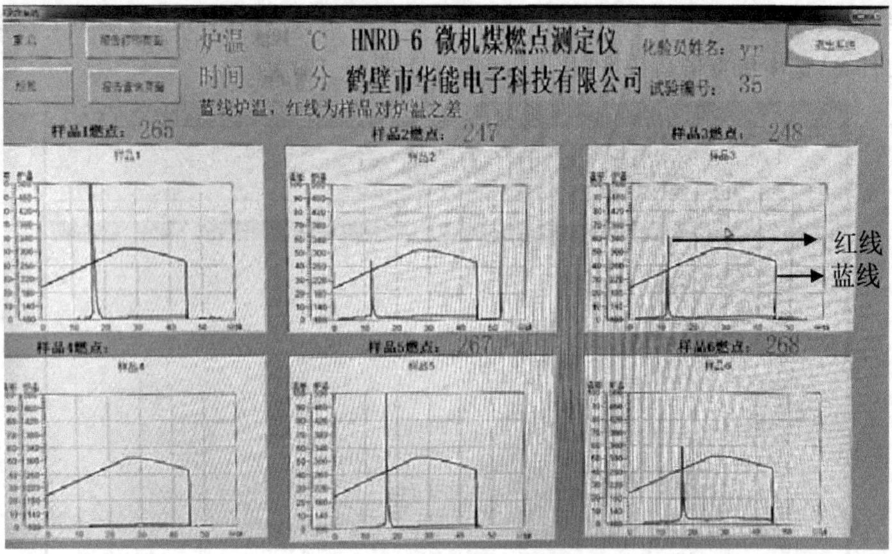

图 9-21 燃点测定步骤(六)

(7)做完实验，如果测出实验结果，结果值会在每个样品的后面显示，如图 9-22 所示。这时可点击报告打印页面进行存储，如需打印可打印出来。实验结束后按停止键，停止机器加热，同时关闭程序，等待机器冷却至室温。

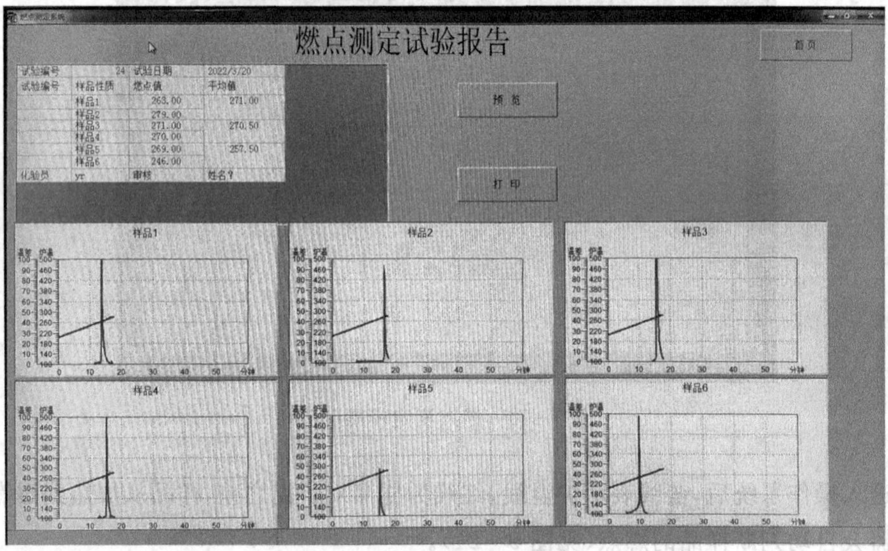

图 9-22 燃点测定步骤(七)

4. 实验注意事项

(1)实验结束后,应关闭电源。

(2)中途停电,实验作废。炉温降到室温后,才能开始新的实验。

(3)为使实验图形正常显示,应采用19寸或19寸以上的电脑显示器(分辨率1280×800)。

(4)每次实验时,打开电源,按停止按钮3 s左右,显示“stop”符号。这时再按运行按钮2 s左右,显示“run”符号,仪器则正常工作。

(5)实验过程中如发现喷煤现象,或发现温差有较大变化,而燃点没有测定出来时,可将样品加大一倍剂量放入试管,或者将其直接倒入铜加热体孔里。

(6)称取亚硝酸钠时一定要注意,亚硝酸钠为有毒化学品,0.2～0.5 g会导致人体中毒,3 g以上会导致人体死亡。

参考文献

阿努钦,1958.测树学[M].王锡暇,沈熙环,周沛村,等译.北京:中国林业出版社.

白云庆,郝文康,等,1987.测树学[M].哈尔滨:东北林业大学出版社.

曹忠,巩奕成,冯仲科,等,2015.电子经纬仪测量立木材积误差分析[J].农业机械学报,46(1):292-298.

仇瑶,常顺利,张毓涛,等,2015.天山林区六种灌木生物量的建模及其器官分配的适应性[J].生态学报,35(23):7842-7851.

董利虎,李凤日,2016.大兴安岭东部天然落叶松林可加性林分生物量估算模型[J].林业科学,52(7):13-21.

董利虎,张连军,李凤日,2015.立木生物量模型的误差结构和可加性[J].林业科学,51(2):28-36.

段劼,马履一,贾黎明,等,2009.北京低山地区油松人工林立地指数表的编制及应用[J].林业科学,45(3):7-12.

方怀龙,1995.现有林分密度指标的评价[J].东北林业大学学报,23(4):100-105.

符利勇,雷渊才,曾伟生,2014.几种相容性生物量模型及估计方法的比较[J].林业科学,50(6):42-54.

耿晓,2011.红松阔叶林蘑菇资源分布的调查分析[D].北京:中国林业科学研究院.

耿晓,李海奎,郑立生,等,2010.非木质森林资源抽样调查方法与监测[J].世界林业研究,23(3):48-53.

李凤日,2019.测树学[M].4版.北京:中国林业出版社.

李海奎,赵鹏祥,雷渊才,等,2012.基于森林清查资料的乔木林生物量估算方法的比较[J].林业科学,48(5):44-52.

李贤伟,李守剑,张健,等,2002.四川盆周西缘水杉人工林林地立地质量评价研究[J].四川农业大学学报,20(2):106-109.

李永宁,马凯,黄选瑞,2011.金莲花产量抽样调查的样地最小面积与形状研究[J].草业学报,20(4):61-69.

廖显春,杨祖达,吴虹,等,1997.宜昌县马尾松人工林立地质量评价系统研究[J].华中农业大学学报,16(6):605-608.

刘盛,2016.测树学实验实习教程[M].北京:高等教育出版社.

刘振魁,1997.高寒草甸白蘑菇圈与圈外植物及土壤的比较[J].草业科学,14(3):68-70.

罗永开,方精云,胡会峰,2017.山西芦芽山14种常见灌木生物量模型及生物量分配[J].植物生态学报,41(1):115-125.

马炜,孙玉军,2013.长白落叶松人工林立地指数表和胸径地位级表的编制[J].东北林业大学学报,41(12):21-38.

孟宪宇,1996.测树学[M].北京:中国林业出版社.

史京京,雷渊才,赵天忠,2009.森林资源抽样调查技术方法研究进展[J].林业科学研究,22(1):101-108.

唐艺,2012.基于三维激光扫描技术的活立木材积测量方法[D].北京:北京林业大学.

陶冶,张元明,2013.荒漠灌木生物量多尺度估测:以梭构为例[J].草业学报,22(6):1-10.

图力古尔,李玉,2000.大青沟自然保护区大型真菌群落多样性研究[J].生态学报,20(6):986-991.

王冬至,2021.测树学实验实习教程[M].北京:中国林业出版社.

王佳,宋册芸,刘霞,等,2014.结合影像光谱与地形因子的森林蓄积量估测模型[J].农业机械学报,45(5):216-220.

王雪峰,陆元昌,2013.现代森林测定法[M].北京:中国林业出版社.

徐祯祥,1990.测定单株立木材积的形点法[J].林业科学(4):475-480.

曾鸣,聂祥永,曾伟生,2013.中国杉木相容性立木材积和地上生物量方程[J].林业科学,49(10):74-79.

曾伟生,2014.杉木相容性立木材积表系列模型研建[J].林业科学研究,27(1):6-10.

张会儒,2018.森林经理学研究方法与实践[M].北京:中国林业出版社.

张佳平,彦芬,2012.中国野生观赏植物资源调查、评价及园林应用研究进展[J].中国野生植物资源,31(6):18-23.

张民侠,余光辉,2010.盗伐、滥伐林木材积测算及定案研究[J].南京林业大学学报(自然科学版),4(1):85-90.

张智文,长田,于逸竹,等,2011.菌根菌生物量测定方法比较[J].北方园艺(21):174-177.

中华人民共和国农林部,1978.立木材积表:LY 208—1977[S].北京:中国标准出版社.

周应群,陈士林,张本刚,等,2005.中药资源调查方法研究[J].世界科学技术,7(6):43-56.

AARON R W,DAVID W H,JOLN A K,et al,2011. Forest growth and yield modeling[M]. New York:Wiley.

AMEY J D,1985. A modeling strategy for the growth projection of managed stands[J]. Canadian Journal of Forest Research,5:511-518.

ARABATZIS A A,BURKHAR H E,1992. An evaluation of sampling methods and model forms for estimating height-di-ameler relationships in loblolly pine plantations[J]. Forest

Science,8:192－198.

BERGER A,GSCHWANTNER T,MEROBERTS R E,et al,2014. Effeets of measurement errors on individual tree stem volume estimates for the Austrian national forest inventory [J]. Forest Science,60(1):14－24.

BI H,TUMER J,LAMBERT M J,2004. Additive biomass equations for native eucalypti forest trees of temperate Australia[J]. Trees,18(4):467－479.

CANHAM C D,FINZI A C,PACALA S W,et al,1994. Causes and consequences of resource heterogeneity in forests; intersperse c variation in light transmission by canopy trees[J]. Canadian Journal of Forest Research,24:337－349.

CASTEDO-DORADO F,DIEGUEZ-ARANDA U,BARRIO M,et al,2006. A generalized height-diameter model including random components for radiate pine plantations in northeastern Spain[J]. Forest Ecology and Management,229:202－213.

COLBERT K C,2002. Height-diameter equations for thirteen midwestern bottom land hardwoods species[J]. Northern Journal of Applied Forestry,19:171－176.

CRECENTE-CAMPO F,SOARES P,TOME M,et al,2010. Modeling annual individual-tree growth and mortality of Scots pine with data obtained at irregular measurement intervals and containing missing observations[J]. Forest Ecology and Management,11:1965－1974.

CURTIS R O,1967. Height-diameter and height-diameter-age equations for second-growth Douglas-fir[J]. Forest Science,13:365－375.

FANG Z,BAILEY R L,1998. Height-diameter models for tropical forests on Hainan Island in southern China[J]. Forest Ecology and Management,110:315－327.

FOX J C,ADES P K,BI H,2001. Stochastic structure and individual-tree growth models[J]. Forest Ecology and Management,154:261－276.

GILLET P,VERMEULEN C,DOUCET J L,et al,2016,What are the impacts of deforestation on the harvester-tim-ber forest products in central Africa[J]. Forests, 7(106):1－15.

HUANG S,PRICE D,TITUS S J,2000. Development of ecoregion-based height-diameter models for white sprucein boreal forests[J]. Forest Ecology and Management,129:125－141.

HUANG S,TITUS S J,WIENS D P,1992. Comparison of nonlinear height-diameter functions for major Alberta tree species[J]. Canadian Journal of Forest Research,22:1297－1304.

HUANG S,TITUS S J,1 994. An age-independent individual tree height prediction model for boreal spruce-aspen stands in Alberta[J]. Canadian Journal of Forest Research,24:1295－1301.

JAYARAMAN K,LAPPI J,2001. Estimation of height-diameter curves through multilevel models with special reference to even-aged teak stands [J]. Forest Ecology and

Management, 142: 155－162.

KAR S P, JACOBSON M G, 2012. NTFP income contribution to household economy and related socio-economic factors: Lessons from Bangladesh[J]. Forest Policy and Economics, 14: 136－142.

KING D A, 1990. The adaptive significance of tree height [J]. American Journal of perinatology, 135: 809－828.

LAPPI J, 1997. A longitudinal analysis of height/diameter curves [J]. Forest Science, 43: 555－570.

LARRETA B V, CASTEDO-DORADO F, BARRIO-ANTA M, et al, 2009. A generalized height-diameter model with random coefficients for uneven-aged stands in El Salto, Durango (Mexico) [J]. Forestry, 82(4): 445－462.

LARSEN D R, HANN D W, 1987. Height-diameter equations for seventeen tree species in southwest Oregon [R]. Corvallis, OR: Forest Research Laboratory, College of Forestry, Oregon State University.

LEI X, PENG C, WANG H, et al, 2009. Individual height -diameter models for young black spruce (Picea mariana) and jack pine (Pinus banksiana) plantations in New Brunswick, Canada[J]. Forest Chronicle, 85: 43－56.

LUDVIG A, TAHVANAINEN V, DICKSON A, et al, 2016. The practice of entrepreneurship in the non-woodforest products sector: Support for innovation on private forest land[J]. Forest Policy and Economics, 66: 31－37.

MAUYA E W, MUGASHA W A, ZAHABU E, 2014. Models for estimation of tree volume in the miombo woodlands of Tanzania[J]. Southern Forests: A Journal of Forest Science, 76(4): 209－219.

MEHTATALO L, 2004. A longitudinal height-diameter model for Norway spruce in Finland [J]. Canadian Journal of Forest Research, 34: 131－140.

NEWTON P F, LEI Y, ZHANG B Y, 2005. Stand-level diameter distribution yield model for black spruce plantations[J]. Forest Ecology and Management, 209(3): 181－192.

OLIVER C D, LARSON B C, 1990. Forest stand dynamics[M]. New York: McGraw Hill.

PARRESOL B R, 2001. Additivity of nonlinear biomass equations[J]. Canadian Journal of Forest Research, 31(5): 865－878.

PENG C, ZHANG L, LIU J, 2001. Developing and validating nonlinear height-diameter models for major tree species of Ontario's boreal forest[J]. Northern Journal of Applied Forestry, 18: 87－94.

POUDEL K P, TEMESGEN H, 2016. Methods for estimating aboveground biomass and its components for Douglas-fir and lodgepole pine trees[J]. Canadian Journal of Forest Research,46:77－87.

PRETZSCH H,2009. Forest dynamics,growth and yield[M]. Berlin:Springer.

RIZVI R H,DHYANI S K,YADAV R S,et al,2011. Biomass production and carbon stock of poplar agroforestry systems in Yamunanagar and Saharanpur districts of northwestern India[J]. Current Science,100(5):736－742.

ROBINSONL B E, 2016. Conservation vs. livelihoods: Spatial management of non-timber forest product harvests in a two-dimensional model[J]. Ecological Applications, 26(4): 1170－1185.

SAUNDERS M R,WAGNER R G,2008. Height-diameter models with random coefficients and site variables for tree species of Central Maine[J]. Annals of Forest Science,65:203－213.

SHARMA M,ZHANG S Y,2004. Height-diameter models using stand characteristics for Pinus banksiana and Picea mariana[J]. Scandinavian Journal of forest Research,19:442－451.

STANKOVA T V,DIEGUEZ-ARANDA U,2013. Height-diameter relationships for Scots pine plantations in Bulgaria:Optimal combination of model type and application Ann[J]. Forest Science,56(1):149－163.

STEELE M Z,SHACKLETON C M,SHANKER R U,et al,2015. The influence of livelihood dependency,local ecological knowledge and market proximity on the ecological impacts of harvesting non-timber forest products[J]. Forest Policy and Economics,50:285－291.

TEMESGEN H,GADOW K,2004. Generalized height-diameter models-an application for major tree species in complex stands of interior British Columbia[J]. European Journal of Forest Research,123:45－51.

TRAUCRNICHT C,TICKTIN T,2005. The effects of non-timber forest product cultivation on the plant community structure and composition of a humid tropical forest in southern Mexico[J]. Forest Ecology and Management,219(3):269－278.

TROREY L G,1992. A mathematical method for the construction of diameter height curves based on site[J]. Forestry Chronicle,8:121－132.